3-TEILUNG ALLER WINKEL

Lösung
eines
UNLÖSBAREN
KONSTRUKTIONS=
Problemes

© 2025 Harald Schatz
Verlag: BoD · Books on Demand GmbH, Überseering 33,
22297 Hamburg, bod@bod.de
Druck: Libri Plureos GmbH, Friedensallee 273,
22763 Hamburg
ISBN: 978-3-8192-9781-6

VORWORT ZUR 3 – TEILUNG ALLER WINKEL

Wir Menschen sind Teil der Schöpfung.

Also in ihr!

Deshalb ist uns eine Aus- und Übersicht nicht möglich.

Unsere Erkenntnisfähigkeit ist von unserer biologischen Ausstattung abhängig.

WIRKLICHKEIT ist uns nur indirekt über unsere Sinne erfahrbar.

Damit ist unser Wissen über

GRUNDLEGENDE WAHRHEIT BEGRENZT

Mit diesem Buch will ich dazu aufrufen und ermutigen

für sicher und richtig gehaltenes Wissen neu zu denken.

Harald
Schatz

Einleitung!

Werte Leserin, werter Leser.

Zum Verständnis dieses Buches bedarf es großes Einfühlungs=
vermögen in ein unbekanntes Gebiet. Wer meint. er würde das
Fach Geometrie perfekt beherrschen, wird überrascht sein,
wie anders sich manches verstehen läßt, wenn man es von
einer anderen Warte her betrachtet.

Die Komunikationsform "Buch" hat zwar den Vorteil, daß der
Autor sein Thema ausfürlich darlegen kann, ob er aber vom
Leser verstanden wird, ist sehr ungewiß. Für Verbesserungs=
vorschläge bin ich sehr dankbar, zumal ich im sprachlichen
Ausdruck und schriftstellerischer Praxis nicht besonders
begabt bin. Weil es mir schwer fällt, mich unmißverständ=
lich auszudrücken, werden meine Arbeiten manchmal falsch
aufgefasst.

Damit der Leser und Anwender sich eine Vorgehensweise aus=
suchen kann die ihm zusagt, habe ich vielfältige Konstruk=
tionen gezeichnet. Damit wird die Beschreibung weniger
wichtig.

Ich habe etwas entdeckt, und ich kann und darf es wegen
der Verantwortung meinen Mitmenschen gegenüber nicht für
mich behalten.

Dieses Buch schreibe ich für Menschen, die wie ich skeptisch
allen Behauptungen gegenüber sind, unabhängig davon, wer
sie verbreitet oder wie etabliert sie sind.

Schon in meiner Kindheit wollte ich den Dingen auf den
Grund gehen und wollte mich mit ungenügenden Antworten
nicht abfinden. Die vielen Aussagen und Behauptungen,
die der Lehrkörper vermitteln wollte, müssen irgendwann
erdacht oder/und geschaffen worden sein.

Das bedeutet, es können Fehler darin sein, die immer
wieder als Wahrheit weiter gegeben werden.

Bei der Fülle der Informationen, die wir in uns aufnehmen (sollen
und müssen), können wir sie unmöglich überprüfen. Auch wenn
unzutreffende Inhalte vermittelt werden, müssen wir sie so
lange für wahr halten, bis wir uns vom Gegenteil überzeugen
konnten. Ohne diese positive Grundhaltung wären wir durch innere
Blockierungen handlungsunfähig. (Entscheidungen würden durch
Zweifel verhindert werden und es entstünde immer ein logisches Patt)

Um Fehler korrigieren zu können muß mit ihnen gerechnet werden.
Damit meine ich eine gesunde Skepsis und kein generelles
Mißtrauen. Aus diesem Grund ist eine tiefgreifende Änderung
bei der Wissensvermittlung nötig, wenn man künftig eine
Gesellschaft will, die mit den existentiellen Möglichkeiten besser
als die jetzige umgehen kann. Neben der Vermittlung faktischer
Inhalte ist besondere Sorgfalt auf Vermittlung von Bewertungs=
kriterien zu legen, um individuelle Meinungsbildung zu fördern.

Bildungseinrichtungen, die den individuellen Menschen nicht
seinen persönlichen Eigenschaften gemäß zum Wohle der Gemein=
schaft unterrichten ,sondern durch konkurierende Bewertung
die Menschen in Gewinner und Verlierer trennt, haben strukturell
ihr Ziel verfehlt.

Konkurrenzsysteme mit Erwartungen wie:
schneller, höher, weiter, sind ziellos, weil sie nur vergleichen.

Schneller als, höher als, weiter als.
Sie haben kein Ziel ,wie
am schnellsten, am höchsten, am weitesten.

Wird gesellschaftliche Teilhabe nach solchen Kriterien verteilt,
teilt ein solches System Menschen in Gewinner (oft mit betrüger=
rischer Rafinesse) und Verlierer (meist ehrliche gutmütige Menschen,
von denen manche zur ausgleichenden Gerechtigkeit die Legalität
verlassen).

Aktivitäten werden immer weniger hinterfragt.
Das unmenschliche Konkurrenzsystem wird zur "Normalität"

Drogen werden zum seelischen Ausgleich und zur Leistungssteigerung
für eine Anpassung an die Leistungsgesellschaft auf Kosten der
Gesundheit konsumiert.

Es ist schon merkwürdig, daß Drogen in legale und illegale eingeteilt
werden. Wenn Ärzte, Pharmaproduzenten und Apotheken davon profitieren,
sind selbst illegale Drogen legal!

Das Leben wird Jagt nach Teilhabe, Auskommen und Anerkennung.
Der Wert des Lebens als solches wird negiert.

Muße wird zu Faulheit umbenannt!

Wir Menschen sind soziale Gemeinschaftswesen und können eine solche
Entwertung nicht akzeptieren. Die Diskrepanz zwischen gesellschaft=
licher Wirklichkeit und den menschlichen Bedürfnissen macht uns krank!

Selbst Krankheit wird zum Wirtschaftsfaktor erklärt, bei dem eine Ge=
sundung die Geschäfte mit Krankheit beeinträchtigen würde.

Darum sind Gesundheitsempfelungen oft unehrlich und falsch.

In Systemen, bei denen Informationen interessengeleitet sind,
sind unabhängige Informationen schwer erkennbar.

Darum sind Meinungen oft nur eine Auswahl erfolgter Manipulation.

Weil   unser Gesellschaftssystem unehrlich ist,
begegnet es dem Einzelnen immer mit Mißtrauen,
wenn er berechtigte Erwartungen an die Gemeinschaft stellt.

Antragsablehnungen sind nicht die Ausnahme,
sondern die Regel !!

Warum mache ich in der Einleitung zu meinem Fachbuch

eine so harsche Gesellschaftskritik ?

Sie gehört deshalb zum Thema, weil nur damit verständlich wird,
warum Entwicklungen sich überwiegend nach festen Regeln der Macht=
interessen vollziehen und sich Auswege nicht erfolgreich genug
umsetzen lassen .

Dieser Einleitung folgt die Geschichte meiner Entdeckung,
meine Biografie (in Kurzform)

allgemeine geometrische Grundlagen,
Konstruktion einer Geraden g zum
Winkeldritteln nach Archimedes,
weitere Beispiele zum Dritteln.

Geschichte meiner Entdeckung

Von einem Fernsehbeitrag wurde ich am 22.10.2004 auf ein Geometrie=
problem aufmerksam gemacht, das Jahrhunderte vor unserer Zeitrechnung
in Griechenland definiert wurde.

Es handelte sich um die Aufgabe, mit Zirkel und Lineal beliebige
Winkel in drei exakt gleich große Teilwinkel zu teilen.
Bis heute wurde sie nicht gelöst und gilt immer noch
als nicht lösbar. (so lautet die Lehrmeinung)

Die Arbeiten des Mathematikers Galois sind als Beweis dieser
Unlösbarkeit allgemein anerkannt. (geb. Okt.1811 gest.Mai 1832)

Diese Besonderheiten waren mir damals noch unbekannt.

Darum konnte ich mich unbefangen mit dem Problem beschäftigen.

Mit einigen Vorgedanken im Zwiegespräch mit meiner Frau, erarbeiteten
wir die Fragen, die zum richtigen Ergebnis führten:

      Welche Teilung funktioniert sicher?   Die Halbierung.

      Wie kann ich eine Halbierung zur Drittelung nützen?

Mit diesen Fragen und Zeichenutensilien setzte ich mich an den
Gartentisch vor unserem Haus und spielte mit Zirkel und Lineal.
Beim Betrachten der gezeichneten Kreise und Linien entdeckte ich
in wenigen Minuten (etwa 15) eine völlig exakte Methode zur
Winkeldrittelung.
Ein Winkel hat einen Scheitelpunkt und zwei Schenkel.

Ein Kreisbogen zwischen beiden Schenkeln stellt den Verhältnis=
wert des Winkels zu einem Kreis her. (im Verhältnis 1/360=1 Grad)

Gleiche Kreisbogenteile sind auch gleiche Winkelteile.
Diese Gedanken fürten mich zu meinen ersten Teilungsversuchen.

Ich freute mich sehr über das Ergebnis und wandte mich an den
Sender, der mich auf das Geometrieproblem aufmerksam machte.
In meinen Brief bat ich meine Zeichnungen zu veröffentlichen.

Sehr erstaunt war ich über die Reaktion der Redaktion.
Meine Arbeiten könnten sie nicht beurteilen und ohne ein Fachgut=
achten auch nicht senden.

Das bedeutet, daß ich mich um Gutachten selbst bemühen muß.

Es gibt also einen Mechanismus, der Wissen vom Volk fernhält,
wenn Fachleute nicht kooperieren!

Damit begann meine Odyssee durch Universitäten und Fachschulen.
Den vielen Bitten um Bewertung folgten nur wenige Antworten.
Aber auch die wenigen Antworten halfen mir nicht weiter.
Meine einfachen Zeichnungen und erklärenden Texte waren den
Professoren noch zu schwierig. Weil sie nicht weiter zu vereinfachen
sind habe ich sie komplizierter gestaltet um auch anderen
Denkstrukturen zu entsprechen.

Die von mir gefundenen Winkeldrittelungskonstruktionen
sind Lösungen sprichwörtlicher Unmöglichkeiten vom
Range der "Quatratur des Kreises" !

Dieser Umstand erklärt die mangelhafte Bereitschaft der
Fachleute sich mit meinen Analysen zu befassen.
Für Mathematiker ist es so als würde ich behaupten,
daß Wasser grundsätzlich den Berg hinauf fließt.

Wenn keiner weis, wie etwas möglich ist, liegt die Annahme
nahe, daß es keine Möglichkeit gibt.

Die Geschichte ist voll solcher unmöglicher Möglichkeiten.

Daß die Sonne am Himmel feststehen soll, die Erde aber sich
um die Sonne drehen soll, war den Menschen unverständlich,
weil die tägliche Beobachtung von Sonnenauf- und Untergang
das ptolomäische Weltbild plausibler erscheinen läßt.

Neue Erkenntnisse werden von einer "Freiheit"
genannten Oberflächlichkeitsspannung so abgestoßen,
wie vergleichsweise Wasser Öl abstößt.

Neue Erkenntnisse benötigen Vermittler,

die die Angst vor Veränderungen und vor neuen
Erkenntnissen (Neophobie) in geeigneter
Weise ausgleichen!

Der Unmöglichkeitsbeweis des Herrn Galois benützt Methoden der
Algebra, und ist deshalb kein elementarer Beweis, weil er nicht
mit Methoden der Geometrie geführt wird!

Es werden also Äpfel mit Birnen verglichen

...führt zu Gedanken über Informationen, ihre Eigenschaften und Wirkungen. Informationen, deren Erkenntniswert als zuverlässig empfunden wird, nennt man Wissen. Entspricht die Zuverlässigkeit nicht der Wirklichkeit, ist die Information falsch. Sie kann mit betrügerischer Absicht weiter gegeben werden,oder auch irrtümlich, weil sie für richtig gehalten wird.
Wissen wird benötigt zur Orientierung im Raum, Zeit und zu menschlichen Interaktionen.

Um verstanden zu werden, muß es mitgeteilt werden(in Körpersprache Wort und Bild). Erkanntes muß aufbewahrt (archiviert) werden, um nicht durch Vergessen wieder zu verschwinden.

Wissen dient der Regulierung menschlicher Aktivitäten, wie zum Beispiel Produktion und Handel. Dazu wurden schon früh Tauschwerte (z.B. Geld) und Zahlungssysteme ,sowie Vergleichsinstrumente benützt.
Mit beispielsweise Vergleichsgewichten und einer Balkenwaage.
Zum Aufzeichnen wurden viele Symbole, Zahlen und Schriften entwickelt.

Für Reisen und Handel ist zur Orientierung in Meeren und Wüsten, Nachts die Sternenkunde und am Tage der Sonnenstand in Verbindung mit einer Zeitmessung schon früh beobachtet und systhematisiert worden.

          Es ist Handel und Reisen ein wesentlicher
          Antrieb für wissenschaftliche Praxis !

Weil Wissen Vorteile bei Produktion und Handel brachte, wurde es meist geheim gehalten.

Zur Macht-und Marktsicherung wurde und wird Wissen bekämpft.

Ganze Kulturen wurden und werden mit Kriegen zerstört.

Weil Menschen pflegebedürftig zur Welt kommen und oft vor ihrem Lebensende wieder werden, müssen wichtige Aufgaben aufgeteilt werden.

Geistiges Erbe muß mit Bildungseinrichtungen erhalten bleiben.
Tätigkeiten sind nur arbeitsteilig mit Berufen sicher zu erledigen.
Mit der Aufteilung geht die Übersicht verloren. Es entsteht Zweifel an der Verteilungsgerechtigkeit.

Arbeitsteilung braucht Organisation!

Warum? wer? wann? wie? was? wo? womit?

Fragen, die vom Organisator(in) einvernehmlich (=demokratisch) oder selbstbestimmt (=diktatorisch) entschieden werden.
Weil nicht stets von Fall zu Fall neu entschieden werden kann, werden verbindliche Ramen gesetzt (=Gesetze). Über die Richtigkeit befinden im Zweifel oder bei Fehlverhalten Gerichte nach Beweislage.

Die Mechanismen rund um Information, Wissen und dem, was Menschen damit machen, sind so stabil, daß sie über Jahrtausende erhalten blieben.

Es könnten menschliche Eigenschaften sein.

Sind sie unveränderlich?

Auf Seite 3 habe ich zu Zeigen versucht, daß diese Mechanismen wichtige Funktionen erfüllen. Daß sie auch negative Folgen für Mensch und Natur haben, läßt sich nur schwer bestreiten.

Meine Geometrie ist auch davon betroffen.

Unklar ist für mich, ob es wirklich "meine" ist, weil Erkenntnisse nicht sicher überliefert werden und so erhalten bleiben. Ob sie über= haupt je bekannt werden ist nicht sicher. Mir ist es seit 2004 trotz intensiven Bemühens nicht gelungen.

Zum Machterhalt wurden Wissende getötet und ihr Vermächtnis zerstört.

Heute verschwindet Wissen in einer Datenflut.

Es gibt aber historische Hinweise auf die Drittelbarkeit beliebiger Winkel.

Unsere Kultur und Wissenschaft ist geprägt von den Völkern des Mittel= meerraumes . Diese sind beeinflußt von Völkern Asiens.

Griechenland hatte im Altertum mehrere Kolonien. Eine davon ist Sizilien .Dort an der Süd/Ostküste in der Hafenstadt Syrakus lebte, forschte und lehrte der Physiker und Mathematiker Archimedes.

Im Jahre 212 vor Christi Geburt wurde Sizilien von den Römern erobert. Dabei wurde Archimedes in seinem 68. Lebensjahr erschlagen.

In der von Alexander dem Großen gegründeten ägyptischen Hafenstadt Alexandria wurde das Wissen der Antike in einer berühmten Bibliothek aufbewahrt. Im Eroberungskrieg 48 vor Christi wurde diese Bibliothek von römischen Truppen unter Cäsar in Brand gesetzt.

Der größte Teil des antiken Wissens wurde dabei vernichtet!

Wissen wurde und wird ergebnisorientiert und nach ihrem Nutzen erhalten. Aspekte der Erkenntnisgewinnung, also des Forschens, des Beobachtens, des Analysierens und des Prüfens blieben meist unberücksicht und wurden vergessen.
So sind von den vielen Erfindungen und Entdeckungen des Archimedes nur wenige erhalten geblieben. Einige werden noch heute selbstver= ständlich angewendet. Kraftwandler unterschiedlicher Art, Hohlspiegel, Auftrieb in Flüssigkeiten sind die wichtigsten davon. Die archimedische Schraube als Pumpenersatz kommt eher selten zum Einsatz. Sehr viele Prinzipien werden selten oder gar nicht angewendet.

Geschichte meiner Entdeckung Seite 5

Die geometrische Winkeldreiteilung ist nicht unbedingt nötig. **Sich Gedanken** über den Weg (die Wege) zu machen, wie Archimedes sie finden konnte, wäre schon hilfreich, um Wege vom Ergebnis zurück zum Anfang zu finden.

Nicht die Ergebnisse selbst führen zum Wissen, sondern die Methoden und Wege dorthin.

Daß es gute Näherungen für geometrische Winkeldrittelungen schon im Alten Griechenland gab, ist nicht ungewöhnlich. Ich habe selbst eine Reihe solcher Methoden herausgefunden. Ich kann, wenn ich alles alleine machen muß, nicht auch noch alle Überlieferungen nachforschen.

Zeichnungen mit großer Genauigkeit zu machen, sie bewerten und verständlich beschreiben erfordert viel Zeit und Mühe.

Ist die Gerade g nach Archimedes konstruierbar, ist sie eine korrekte Winkeldrittelung, denn sie ist bereits anerkannt!

Eine Gerade ist auf einer Fläche mit zwei Punkten festgelegt. Nach Archimedes ist einer davon der an einer Lotrechten gespiegelte Punkt oB' (oberes Bogenende=oB). Zur Verhältnisgeraden g muß noch ein zweiter Punkt konstruiert werden.

Ich bin davon überzeugt,
daß mir dies gelungen ist.

Damit gibt es einen elementaren Beweis für die Winkeldrittelung durch konstruktive Mittel.

Zu meiner Person:

Ich (geb.26.9.1949) bin das 5. Kind einer einfachen Arbeiterfamilie.
Als Schulbildung habe ich nur die 8 Klassige Volksschule besucht.
Eine technisch Zeichnerausbildung (Bereich Maschinenbau) habe ich
im 1. Lehrjahr aus gesundheitlichen Gründen abgebrochen. Danach
habe ich eine Drogistenlehre gemacht und 2 Jahre in diesem Bereich
praktisch gearbeitet. Aus Mangel an beruflicher Perspektiven im
kaufmännischen Bereich habe ich 1970 im Klinikum Nürnberg Nord eine
Ausbildung zum Krankenpfleger gemacht. Dort lernte ich meine
Ehefrau kennen. Nach unserer Ausbildung arbeiteten wir in einem
Blindenaltenheim. 1Jahr später wechselten wir wegen unsozialen
Arbeitsbedingungen in ein kommunales Altenheim. Mit der Geburt unserer
ersten Tochter, blieb meine körperbehinderte (stark verkrümmte Wirbelsäule)
Ehefrau zur Versorgung der Tochter und des Haushalts zu Hause.

Die Anforderungen von Familie und Beruf mit völlig unregelmäßigen
Schichtdiensten (3Schichten über Tag und Nacht im Wechsel aufgeteilt)
ließen mich körperlich und auch seelisch mehr und mehr ausbrennen.

Als ich darauf hin im Alter von 55 Jahren aus gesundheitlichen
Gründen Rente beantragte, lernte ich den Unsozialstaat von seiner
brutalen Seite her kennen. Einer Ablehnung folgte die Nächste.
Wärend dieses Sozialkampfes entdeckte ich eine Winkeldrittelung.

Bei meinen Bemühungen um Kooperation zur Veröffentlichung lernte
ich noch mehr über Politik, Medien und den angeblich der Wissenschaft
verpflichteten Universitäten. Die Ignoranz und   Ablehnung empfand ich
so elementar, daß in mir zum Einen Selbstzweifel und zum Anderen
Zweifel am Gesellschaftssystem aufkamen.

Die Arbeit an meiner Geometrie verfolgte ich jetzt mit wenig Hoffnung
auf Umsetzbarkeit.

Die Frage, welche echten Warheiten ebenso der   übermächtigen   Uberheb=
lichkeit und Dummheit zum Opfer gefallen sind und immer noch fallen,
nimmt in meiner Warnehmung aus   eigener Erfahrung   konkrete Züge an.

Wären die Mechanismen der Erkenntnisabstoßung weniger mächtig,
könnte unsere Welt heute völlig anders aussehen!

"Wäre und könnte" sind aber wenig hilfreiche Möglichkeitsformen,
wenn sie keine Chance zur Verwirklichung haben.

2013 war mein Leben schon fast zu Ende. Ich lag ohne Bewußt=
sein am Fußboden und war auf 28° C Körpertemperatur abgekühlt.
Ohne den intensiven Einsatz all derer, die sich um mein Überleben
bemühten, könnte ich dieses Buch nicht schreiben, weil ich tot wäre.

Weil ich überleben durfte, ist meine Dankbarkeit dafür mit Verantwortung
verbunden die mir geschenkten Talente meinen Mitmenschen und der
Nachwelt zu erhalten .

Daß wir eine Welt haben, die Zweifel an allem berechtigt und bedingt,
sorgt für nachhaltige Verunsicherung und zerstört das Urvertrauen.

Alles Wissen ist sinnlos, wenn es nicht im Lebendigen ist, sondern
in Gräbern verrottet, oder durch den Kamin geht!

   Aufgegeben habe ich immer noch nicht !!

Erstellt jemand (Fachmann/Frau in einem Expertengremium) Bewertungen
(Axiome), die einen Bereich als "Bewiesen" unmöglich aufzeigen;
wird dies gleich einem religiösen Dogma mit der Wirkung von Denkverboten
von einer Generation zur jeweils nächsten Generation weiter gegeben.

   Nach dem Motto : Es kann nicht sein, was nicht sein darf !

Angesichts der Probleme,

die wir uns und unserer Welt mit Machtinteressen
bereitet haben, brauchen wir nicht nur eine Wende im industriellem
Sein, sondern auch eine in unseren Gehirnen.

   "Die Welt, die wir uns geschaffen haben ist das Resultat einer

   Denkweise. Probleme, die sich daraus ergeben, können nicht mit

   der gleichen Denkweise gelöst werden, durch die sie entstanden

   sind" (".... " Albert Einstein)

Für mich ist es unfassbar, welch dümmliche Antworten ich bekam, als
ich mit einer Petition an den BAYERISCHEN LANDTAG in bestehenden
Bildungseinrichtungen eigene Bewertungsstellen forterte.
   Zuständig seien die Universitäten und das Internet die Plattform.

Wenn es zutrifft, daß ganze Scharen ihre Kritikarbeiten zur anerkannten
Forschung an Universitäten versenden, und sich diese Arbeiten auf den
jeweilig zuständigen Schreibtischen stapeln, ist es einerseits ver=
ständlich, daß diese nicht genügend Beachtung finden können.
Andererseits läuft viel Energie in falsche Richtungen, sollte auch
nur ein kleiner Teil dieser Zuschriften berechtigt sein.
Wir könnten in einer besseren Welt leben, wenn dafür eigene Institute
unabhängig und staatlich alimentiert sowohl Bewertung, als auch Be=
antwortung oder auch Weiterleitung zur Umsetzung übernehmen würden.

   Nicht jeder Denker ist reich oder unabhängig !!

GRUNDSÄTZLICHES ZUR GEOMETRIE

Algebraische Methoden können Geometrie nicht beweisen!

Geometrische Operationen können rationale Zahlen "q" von denen einige nicht dezimal, sondern nur als Bruchzahl (=Quotient) geschrieben werden können ,und auch irrationale Zahlen (I) von Quadratwurzeln, sowie die transzendente Zahl Pi enthalten.

All diese Operationen sind mit den strengen Methoden der geometrischen Konstruktion korrekt bestimmbar.

FÜR ALGEBRA TRIFFT DIES HÄUFIG NICHT ZU !!

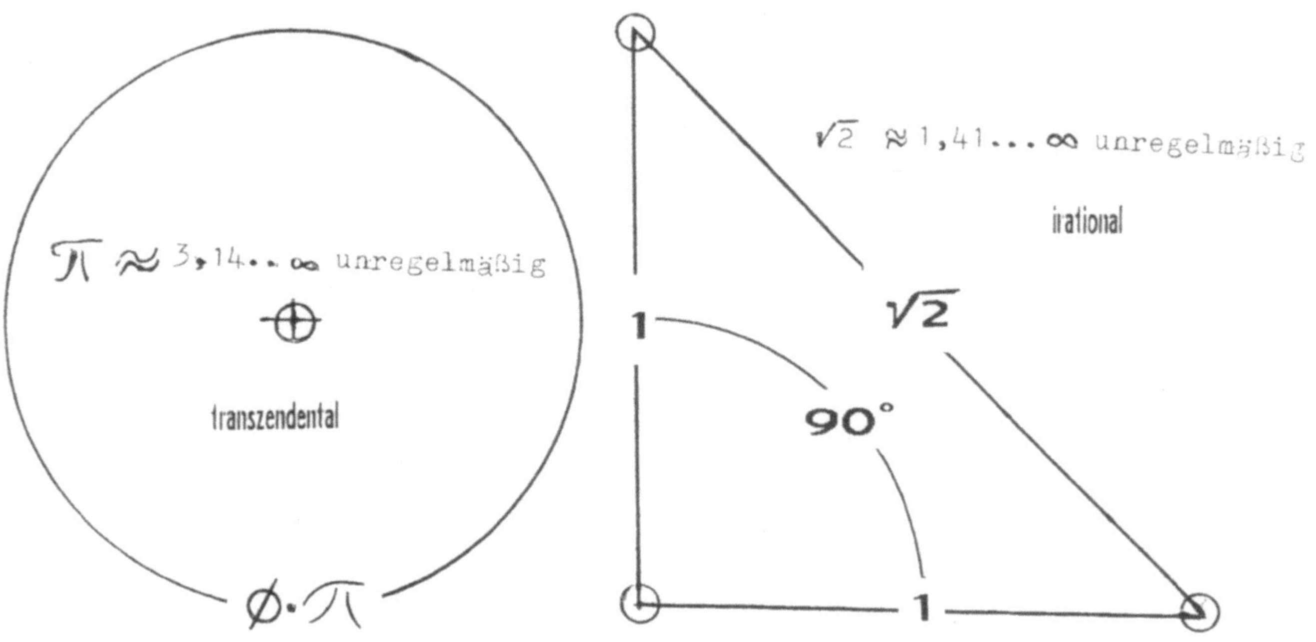

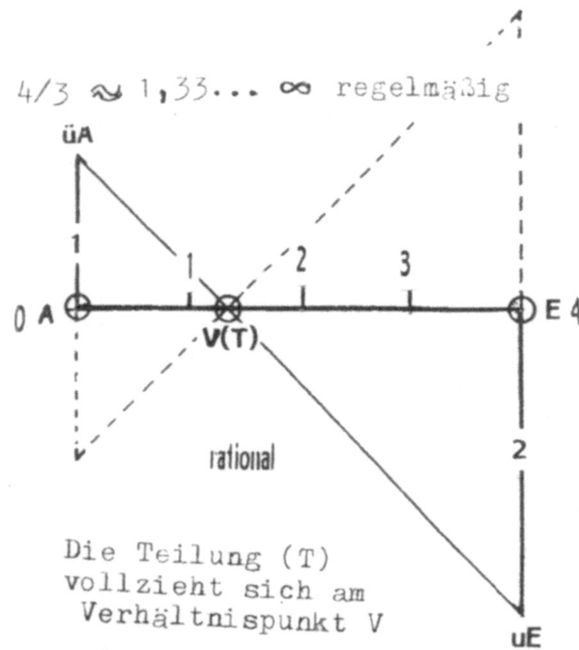

Die Teilung (T) vollzieht sich am Verhältnispunkt V

Werte mit unendlicher Ziffernfolge müssen für die Algebra nach Rundungs=regeln begrenzt werden.
Dadurch werden die Ergebnisse ungenau. Genau sind nur die zu Grunde liegenden geometrischen Konstruktionen.
Der <u>Kreisumfang</u> ist etwa Pi mal Durchmesser lang. Ermittelt wird er mit Vieleckberechnungen von In- und Umkreisen. (Ansatz = Kreis=Unendlicheck)
<u>Quadratwurzeln</u> werden mit wiederholten Flächenumkehrrechnungen ermittelt.

$$a \cdot x = b^2$$

Manche <u>Bruchzahlen</u> haben einen end=losen Quotienten.

DIMENSIONEN

Unsere erkenn- und erfahrbare Welt hat Räume und Körper. Diese lassen
sich mit drei Ausdehnungen (=Dimensionen) beschreiben.

Eine Dimension sind Linien jeder Art

Eine zweite Dimension steht für alle Flächen

Die dritte Dimension beschreibt Körper und Räume

Um sie aufzeigbar zu machen, verwenden wir perspektivische Darstellungs=
formen, auf denen die wirklichen Verhältnisse nur verzerrt abgebildet
werden können.

Erkennen und Erfahren sind abhängig von unserer biologischen Ausstattung
die sowohl angepasst, als auch frei für neue Anpassungen sein muß,
um unter wechselnden Voraussetzungen überlebensfähig zu bleiben.
   Unsere mit den Wirklichkeiten wechselwirkenden Sinne bearbeiten
Informationen bevor sie in den bewußten Bereich unseres Selbst kommen.
Dies bedeutet, daß sich die bewußt erlebte Welt und die äußere Wirk=
lichkeit von einander unterscheiden.
(Siehe dazu "der Flaschenhals der Wahrnehmung" in Frederic Vesters
Buch "Denken Lernen und Vergessen")

Punkte haben keine   A u s d e h n u n g

Dimensionen beziehen sich auf einander

Linien beziehen sich auf dimensionslose Punkte

Flächen beziehen sich auf Strecken (manche auch auf Punkte)

Körper & Räume beziehen sich auf Flächen (manche auch auf Punkte)

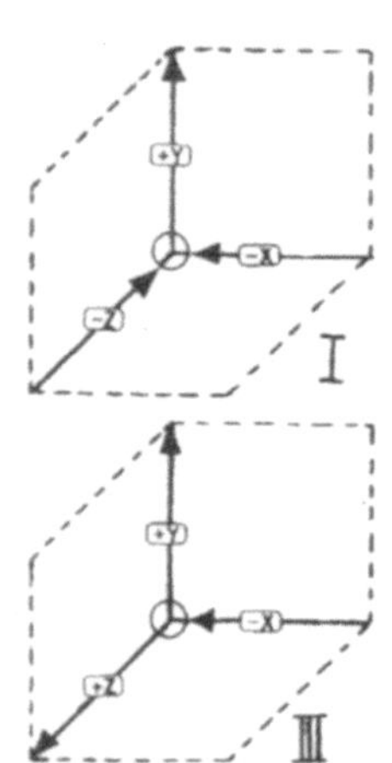
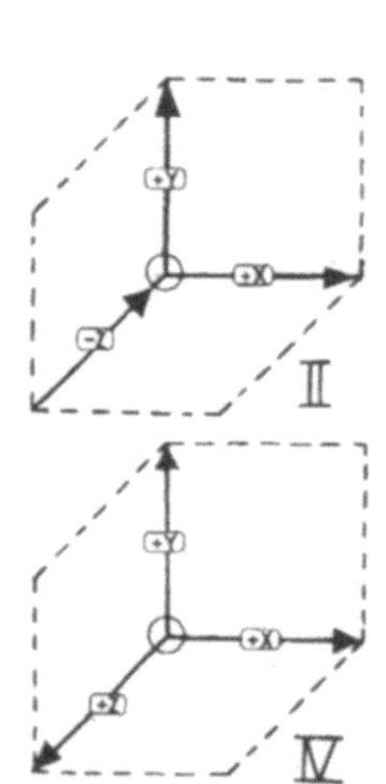
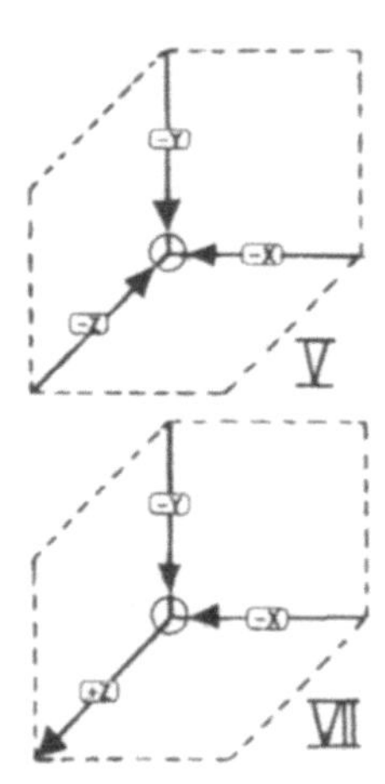
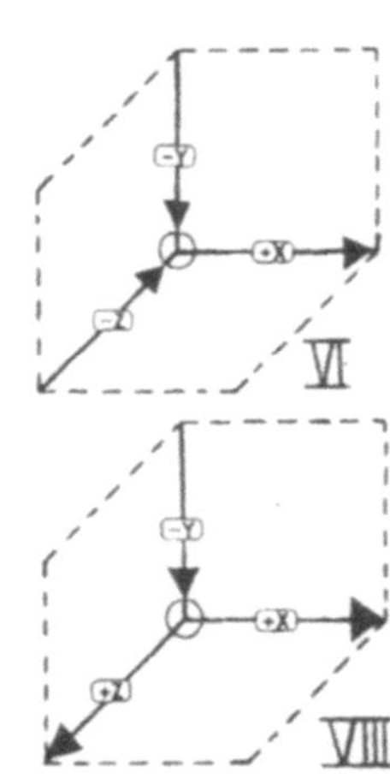

Von den   Raummodellzeichnungen I bis VIII, mit je 3 Richtungspfeilen,
gibt nur die IV-te Zeichnung unsere Realität mit 3 Ausdehnungen wieder.

Die Null in der Geometrie

Als <u>Nullpunkt</u> wird der Anfang von geraden oder gebogenen Linien
bezeichnet. Als <u>Nulllinie</u> wird die Löschung von Schwingungen durch
Phasenverschiebung bezeichnet.

   Die <u>nullte Strecke</u> ist am Anfang von Flächen. } oder ein
Mit einer <u>Nullfläche</u> beginnt ein Körper. } Nullpunkt

Als <u>Null</u> wird auch der <u>Übergang</u> (die Grenze) zwischen Positiv &
Negativ sowie zwischen Höhe & Tiefe bezeichnet.

Im dezimalen Zahlensystem dient die <u>Null</u> als <u>Platzhalter</u> für einen
Stellenwert.

Null Komma gibt den Bereich zwischen einer Einheit und Null an.

Abstände in den Dimensionen

Die Abstände zwischen den Elementen geometrischer Konstruktionen
(=Punkte,Strecken,Flächen) können sehr klein sein.
Unendlich klein dürfen sie aber nicht sein, weil dies bedeuten würde,
sie wären nicht vorhanden. Die Folgeelemente können aber nur mit
Abständen entstehen.

Größenvergleich mit Vergleichsgrößen

in der Geometrie

Eine <u>Strecke</u> $\overline{AE}$ kann mit einer Vergleichslinie, die auch an Punkt „A"
beginnt, in gleich große Teilstrecke geteilt werden. Dazu werden für
die gewünschte Teilezahl mit einem Zirkel jeweils gleich große
Strecken auf dieser Vergleichslinie an einander gefügt. Der letzte
Punkt dieser Aneinanderfügung wird mit Punkt „E" zu einer Strecke ver=
bunden. Die Zwischenpunkte führen mit Parallelen zu dieser Endstrecke
zur Teilung von $\overline{AE}$.

Zum Größenvergleich von <u>Flächen</u> eignet sich das Quadrat (Bild1).
Es werden mit Bild2 Teilstrecken eines Dreiecks damit verglichen.
10+9+8+7+6+5+4+3+2+1+0=55. Das Quadrat beginnt mit der nullten Strecke.
Jede seiner 11 Strecken ist 10 Einheiten lang. (zusammen also 110 Einheiten)
   Flächenvergleich: 110 : 55 = 2.
Die Flächenverhältniszahl ist also 2.Die Vergleichsfläche hat 100^2

Einheiten. Demnach ist das Dreieck $100^2 : 2 = 50^2$ Einheiten groß.

Für einen <u>Kreis</u> kann Pythagoras Lehrsatz für rechtwinkelige Dreiecke
zur Teilstreckenberechnung verwendet werden. Die Hypotenuse c ist der
Kreisradius. Die Ankathete a (Cosinus) und b sind die Teilstrecken
oder auch Gegenkathete genannt (Sinus).
   Bei <u>Körpern</u> werden Teilflächen verglichen.

PUNKT

Ein Punkt ist ein Nichts an einem Ort. Dieses Nichts ist das Grundelement der Geometrie.

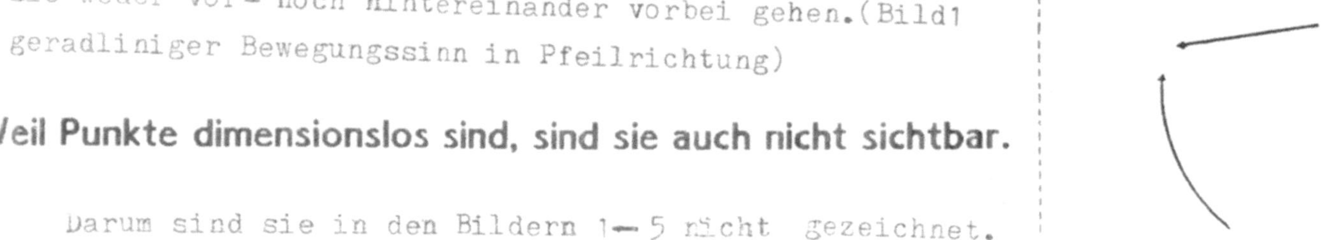

Gehen zwei Bewegungen ihrem Bewegungssinn folgend so auf einander zu, daß sie einander (in einer Weise bei der sie sich schneiden) treffen, ist der Ort solchen Treffens ein Punkt.

Damit sich zwei Bewegungen im Raum treffen können, dürfen sie weder vor- noch hintereinander vorbei gehen.(Bild1 geradliniger Bewegungssinn in Pfeilrichtung)

Weil Punkte dimensionslos sind, sind sie auch nicht sichtbar.

Darum sind sie in den Bildern 1—5 nicht gezeichnet. Statt dessen wird mit Pfeilen auf sie hingewiesen.

In praktischen Anwendungen werden Punkte als Überschneidungen von Punktfolgen (gekrümmter oder/ und gerader Linien) verstanden.

Um konkrete Punktfolgen zu realisieren, müssen die einzelnen Punkte einen (wenn auch geringen) Ab= stand von einander haben, weil sonst immer nur ein identischer Punktort entsteht, aber keine Punktfolge wie sie gekrümmte und gerade Linien darstellen.

Ein Punkt ist also ein Ort.

Wo sich der Ort auf einer Fläche oder im Raum befindet, wird mit mindestens 2 gekrümmten, geraden oder kombinierten Linien erkennbar (Bilder 1—3). Diese Linien sind auch aus Punkten entstanden. Bild 4 zeigt eine Kreisbogenpunktfolge (R), die um einen zentralen Punkt (Z) mit gleichem Abstand (r) rotiert.

Bild 5 zeigt eine Gerade (g) aus Punkten mit großen Abständen. Dies soll deutlich machen, daß sie aus vielen Einzelpunkten aufgebaut ist.

Bild 1

Bild 2

Bild 3

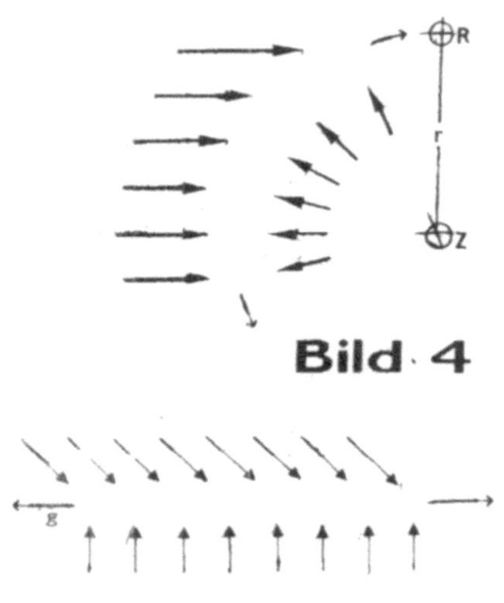

Bild 4

Bild 5

Vom Punkt zum Winkel

Eine **Gerade** ist eine ungekrümmte Linie mit
unbestimmtem Anfang und unbestimmtem Ende.

Ein **Strahl** ist eine gerade Linie mit bestimm=
tem Anfang und unbestimmtem Ende.

Eine **Strecke** ist eine gerade Linie mit bestimm=
tem Anfang und bestimmtem Ende (von—bis)

Eine **Parallele** ist eine gerade Linie mit stets
gleichem Abstand zu einer weiteren geraden
Linie (Gerade, Strahl, Strecke oder auch
eine Kombination dieser Elemente).

Die Neigung zweier Geraden, Strecken oder
Strahlen (oder kombiniert) zueinander sind
dann Winkel, wenn sie einen gemeinsamen
Scheitelpunkt haben.

Der Umfang einer Kreisfläche in 360 gleiche
Teile geteilt ergibt die Vergleichsgröße von
Winkeln mit der Maßeinheit Grad bezogen auf
den Mittelpunkt dieser Fläche .Die Mittel=
punktswinkel sind Zentriwinkel (Z).Die vom
Kreisumfang ausgehenden Winkel sind Periferie=
winkel (P).

Jedes **Viereck** hat die gleiche Gradsumme seiner
4 Innenwinkel wie ein Kreis (360°).

Dreiecke sind halbe Vierecke ,deshalb
sind ihre Innenwinkelsummen auch halb
so groß wie sie. Bild 5 (180°)

Ein **Zentriwinkel** (Zα)hat die gleiche Gradzahl,
wie die beiden Periferiewinkel addiert.
Bild 3. (P Alfa und P Gamma)

Jeder **Periferiewinkel** über einer kreishalbierenden
Strecke ist ein rechter Winkel mit 90°.
(P Gamma und Z Gamma)

Alle Winkel beziehen sich auf einen Kreis,
der selbst kein Winkel ist. Bild4

Ein gestreckter Winkel ist auch kein
Winkel, sondern eine Strecke. Bild1

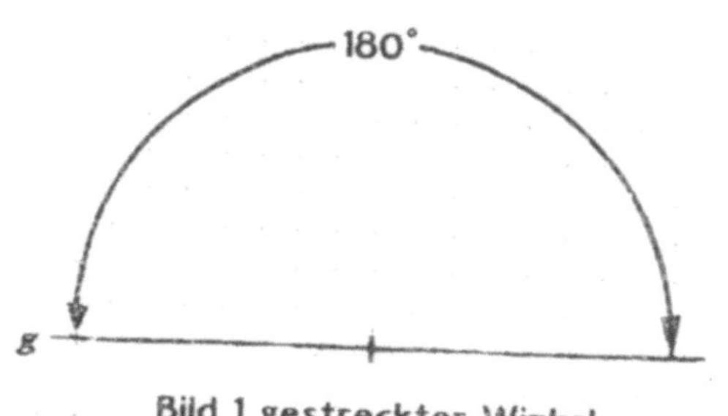

Bild 1 gestreckter Winkel

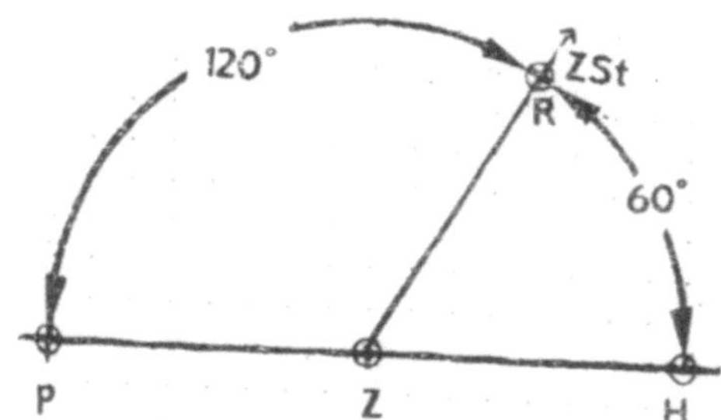

Bild 2 Zentrumstrahl

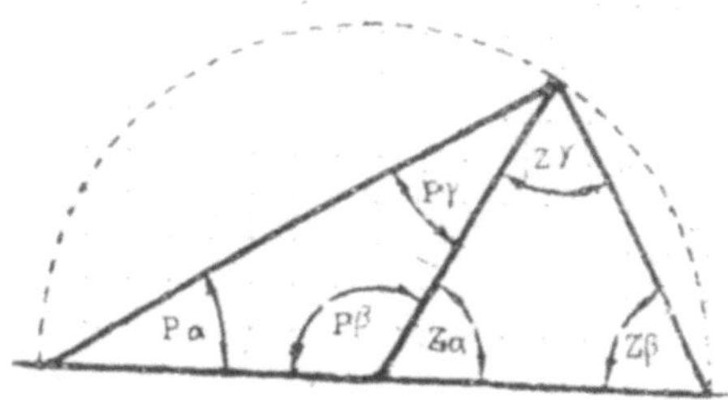

Bild 3 Dreiecke im Halbkreis

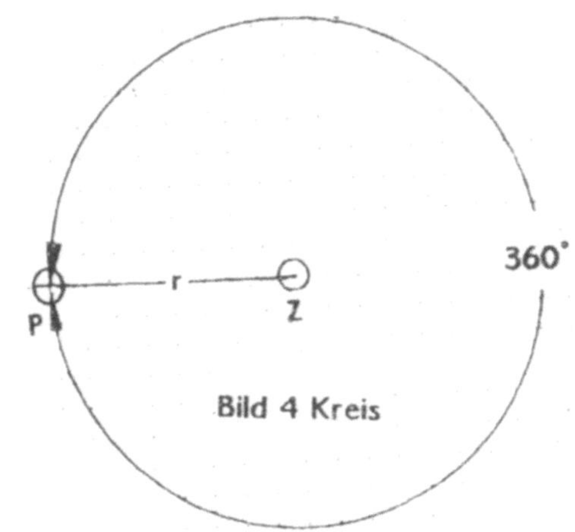

Bild 4 Kreis

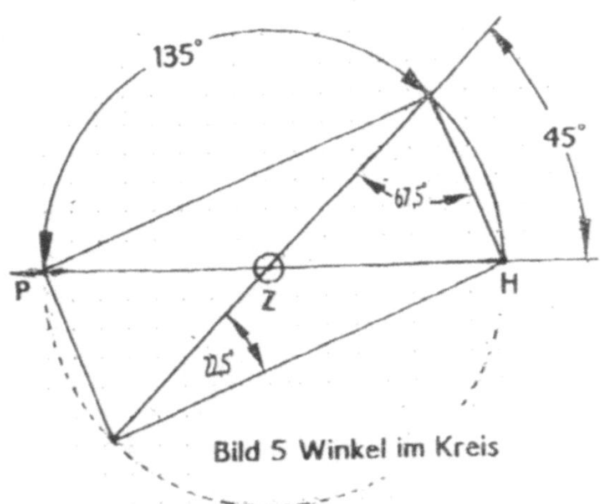

Bild 5 Winkel im Kreis

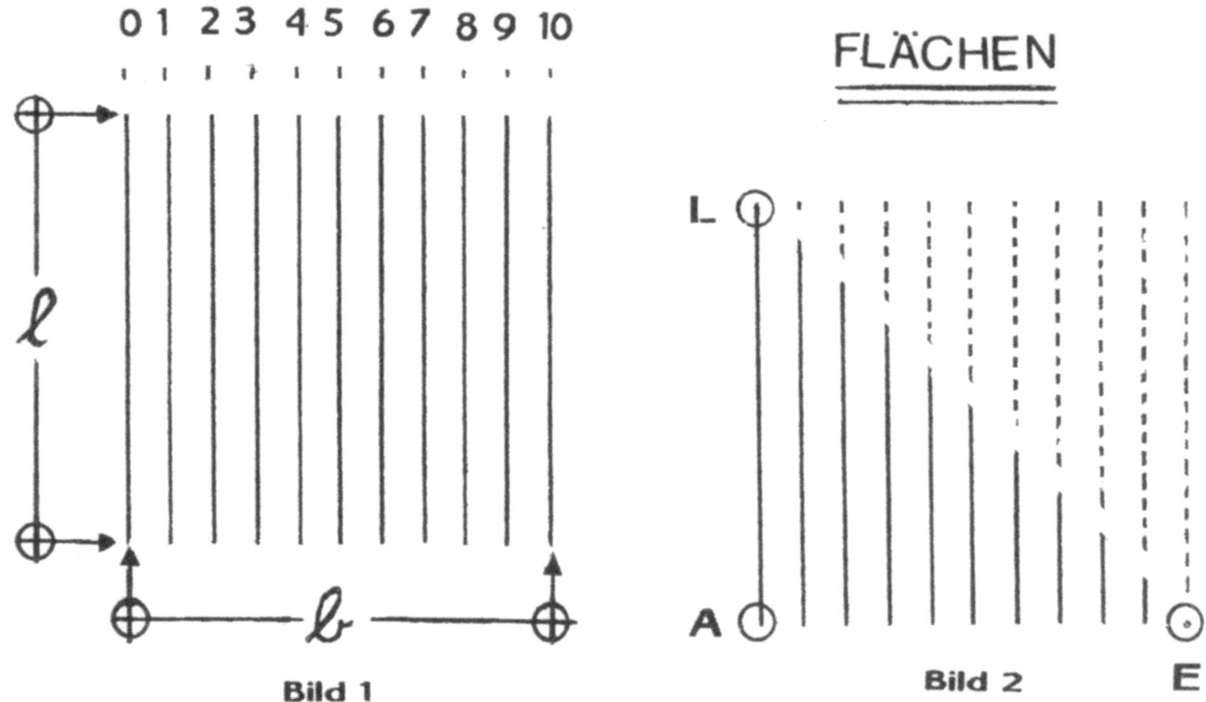

Flächen sind aus parallelen Strecken (manche auch aus Strecken & Punkten) zusammengesetzt.

Strecken haben keine Breite, weil sie sonst selbst Flächen wären.
Sie müssen einen (wenn auch geringen) Abstand zueinander haben.
Sonst sind die Strecken deckungsgleich (=identisch), bilden aber
keine Fläche ab.

Weil Flächen aus parallelen Strecken (oder Strecken & Punkten)
zusammengesetzt sind, sind sie miteinander vergleichbar.

Das Summenverhältnis der Parallelen ist das Flächenverhältnis

Flächen haben 2 Ausdehnungen (=Dimensionen)

Die 2 Dimensionen von Flächen beziehen sich auf 2 rechtwinkelig von
einem gemeinsamen Ausgangspunkt "A" wegführenden Strecken.

Die Strecke $\overline{AL}$ ist die Länge $= \ell$ der Fläche.

Die Strecke $\overline{AE}$ ist die Breite $= \ell$

Zur Ortsbestimmung von Punkten auf einer Fläche wird die Breite zur
Abszisse X und die Länge zur Ordinate Y im Koordinatensystem.

Flächenvergleich eines Quadrates mit einem Kreis

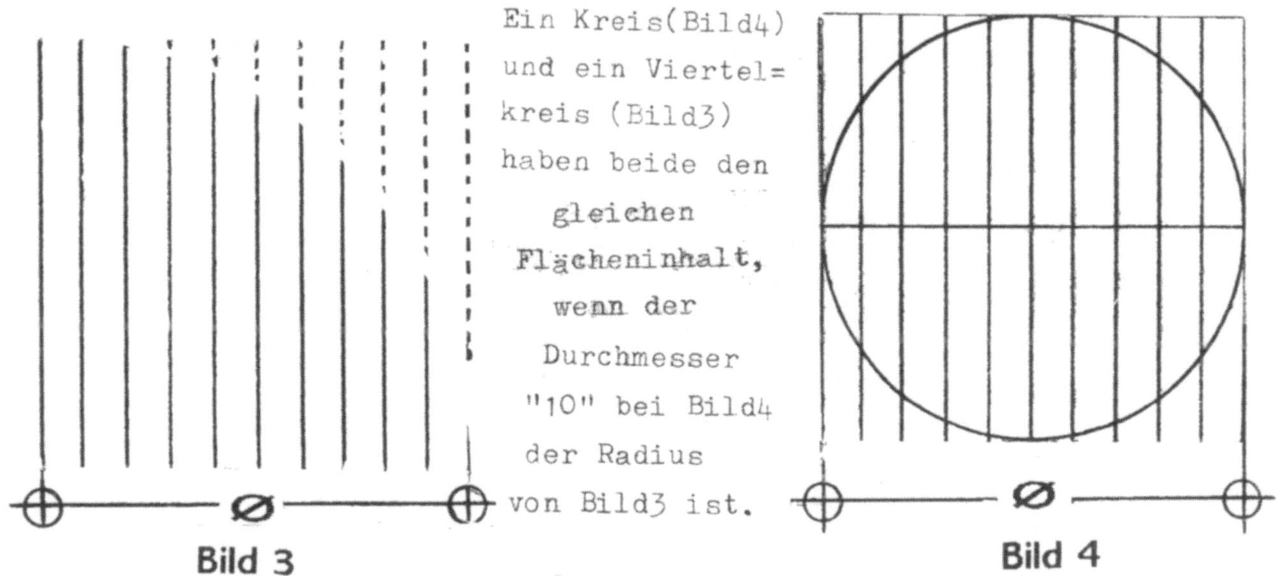

Diese grobe Darstellung (Streckenabstand 1/10 Ø) kann nur eine ungenaue Näherung des Flächenverhältnisses sein.

$$c^2 - a^2 = b^2$$

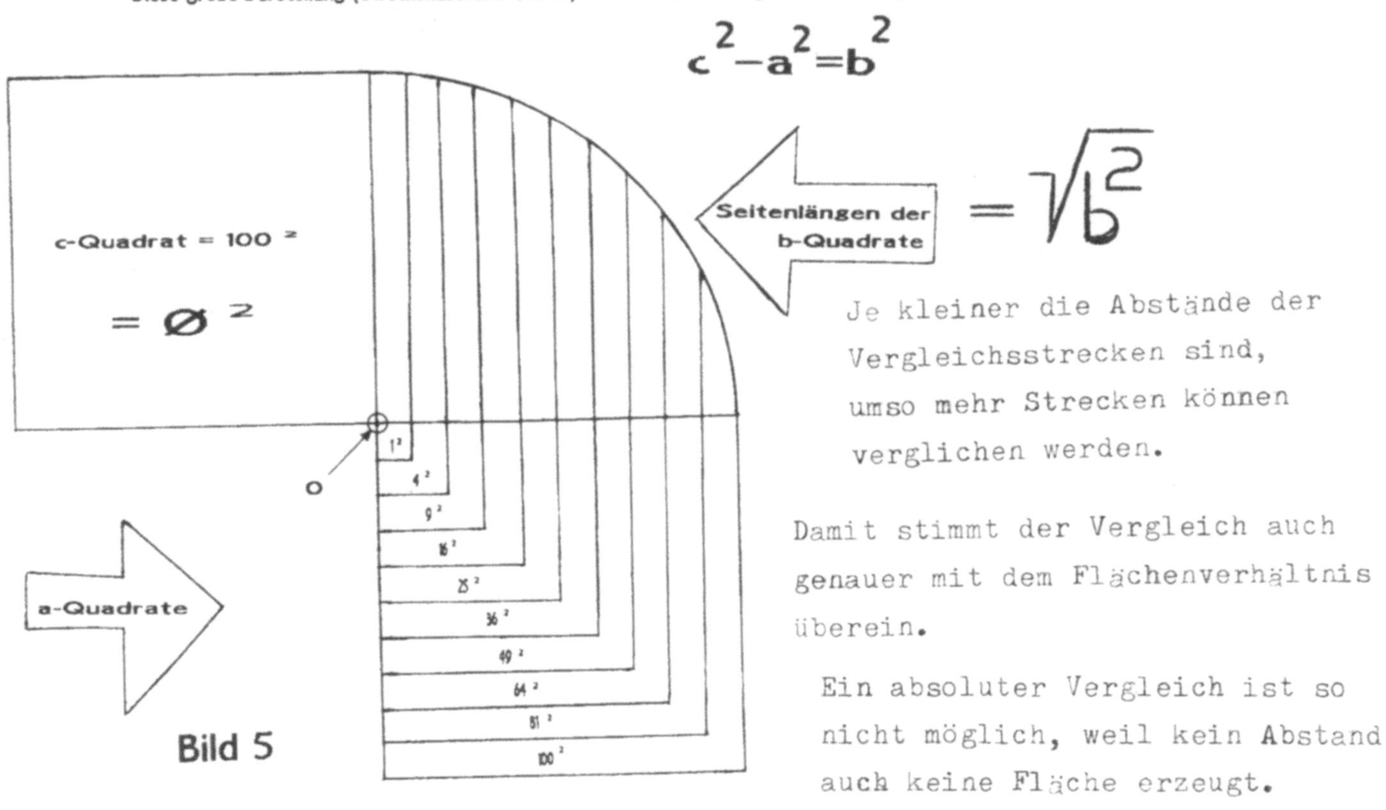

Je kleiner die Abstände der Vergleichsstrecken sind, umso mehr Strecken können verglichen werden.

Damit stimmt der Vergleich auch genauer mit dem Flächenverhältnis überein.

Ein absoluter Vergleich ist so nicht möglich, weil kein Abstand auch keine Fläche erzeugt.

Zum Anderen sind viele Quadratwurzeln Endloszahlen und müssen gerundet werden.

Nimmt man statt der 10-Teilung des Quadrates 100 Teilungen vor,dann kommt man der Ludolf´schen Zahl Pi für den Einheitskreis schon sehr nahe. Das Verhältnis der Strecken des Quatrates 100·101 =10100 zu den Strecken des Durchmesserviertelkreises 7901,0015 gibt einen Quotienten von

1,2783189. Das ergibt zum Durchmesserquadrat 4 eine Pi-Näherung von 3,1291096 . Mit viel Mühe gehts noch genauer!

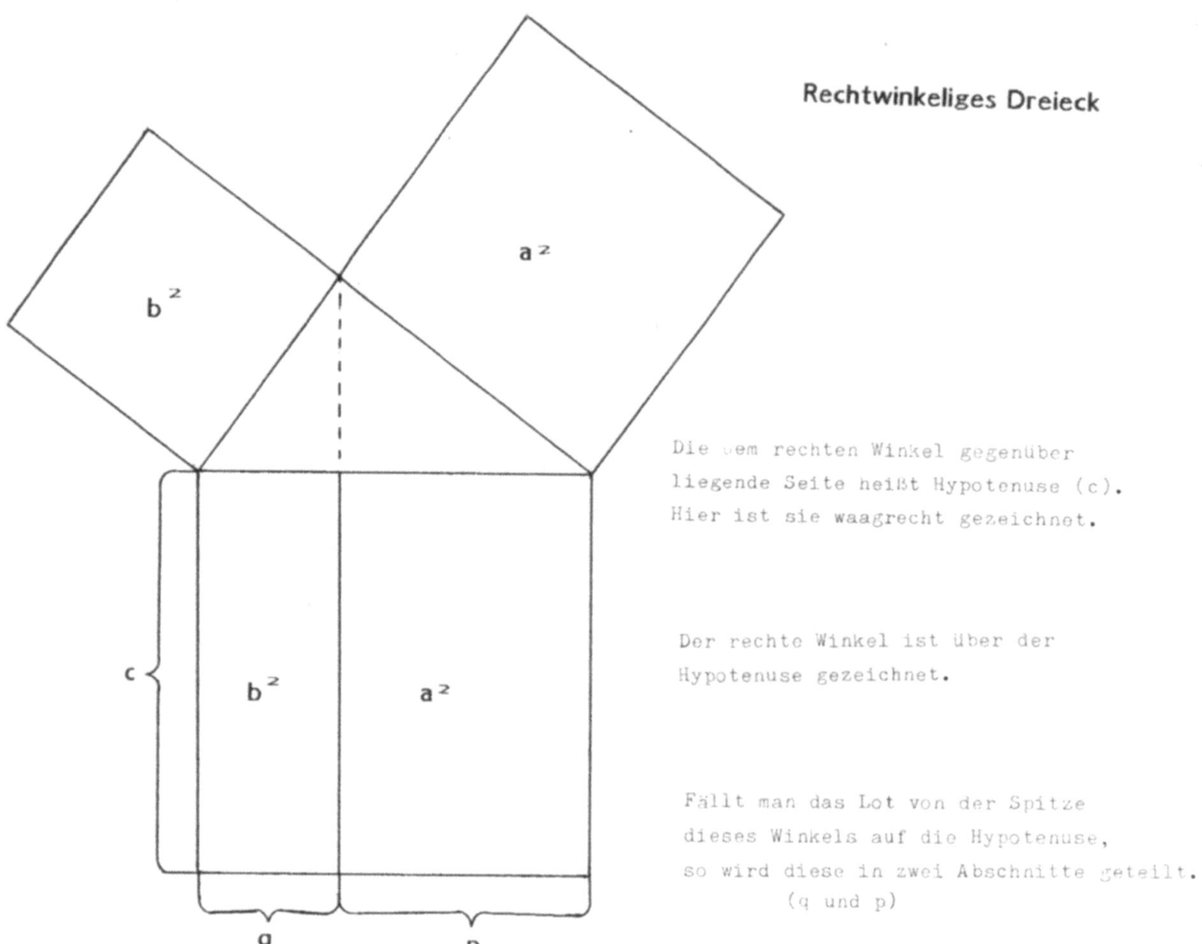

Die dem rechten Winkel gegenüber
liegende Seite heißt Hypotenuse (c).
Hier ist sie waagrecht gezeichnet.

Der rechte Winkel ist über der
Hypotenuse gezeichnet.

Fällt man das Lot von der Spitze
dieses Winkels auf die Hypotenuse,
so wird diese in zwei Abschnitte geteilt.
(q und p)

Der Hypotenusenabschnitt (q),
links vom Lot , hat mit der Hypotenuse
multipliziert die gleiche Fläche
wie das Kathetenquadrat b^2 .

Der Abschnitt (p) rechts vom Lot
ist mit der Hypotenuse multipliziert
dem Kathetenquadrat a^2 flächengleich.

$$c^2 = a^2 + b^2 = q \cdot c + p \cdot c$$

Teilt man ein Kathetenquadrat
durch c, erhält man die Länge
des Abschnitts unter dieser Kathete.
$$b2:c=q \qquad a2:c=p$$

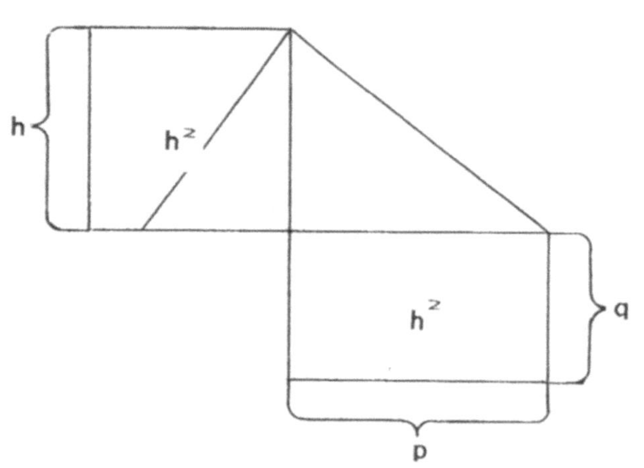

Die Lotstrecke ist die Höhe (h)
des rechten Winkels.
Das Quadrat dieser Höhe hat
die gleiche Fläche wie ein
Rechteck aus den Abschnitten
q und p der Hypotenuse.

$$h^2 = q \cdot p$$

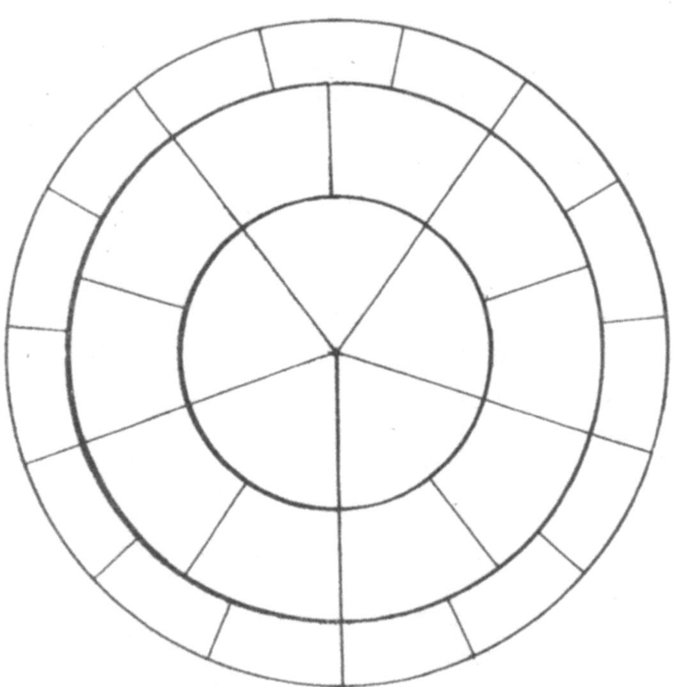

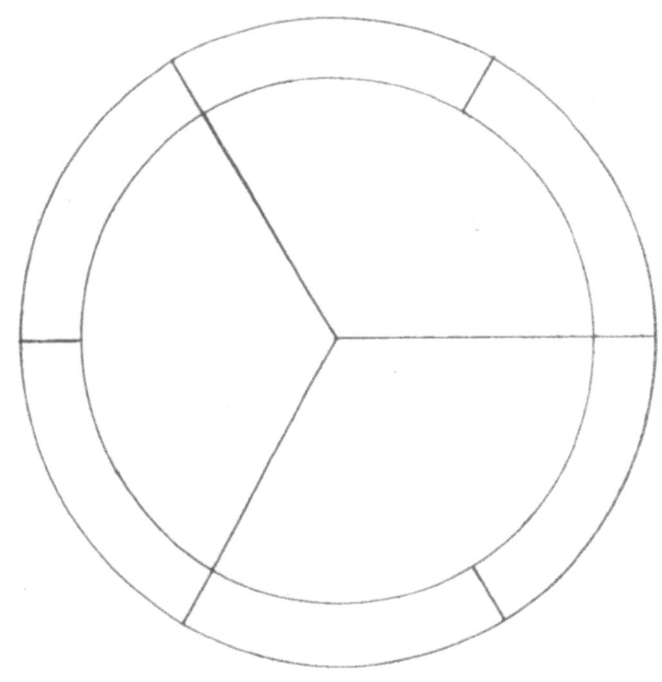

GETEILTE KREISE

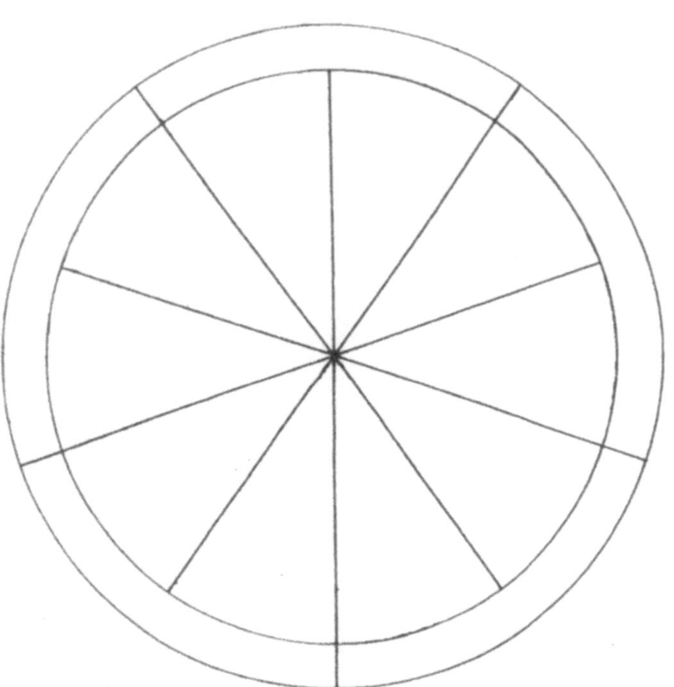

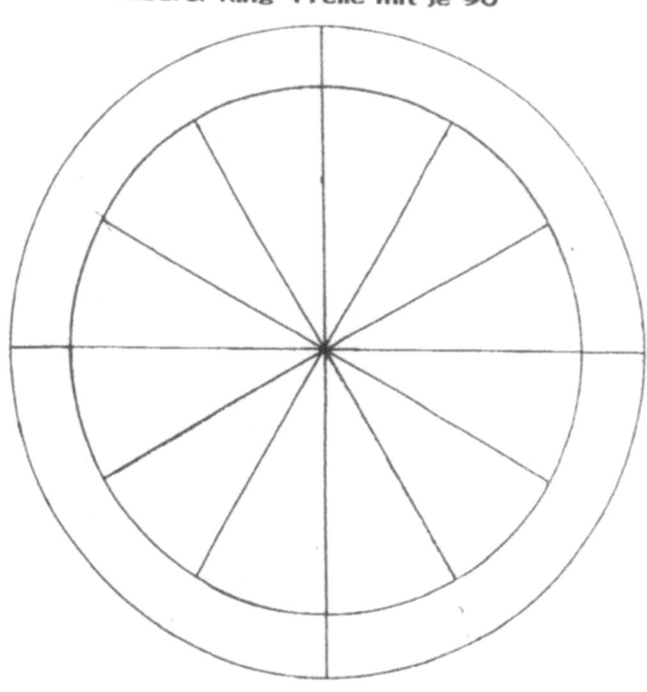

KONSTRUKTIVE STRECKENTEILUNG *durch*

verhältnisgleiche Übertragung

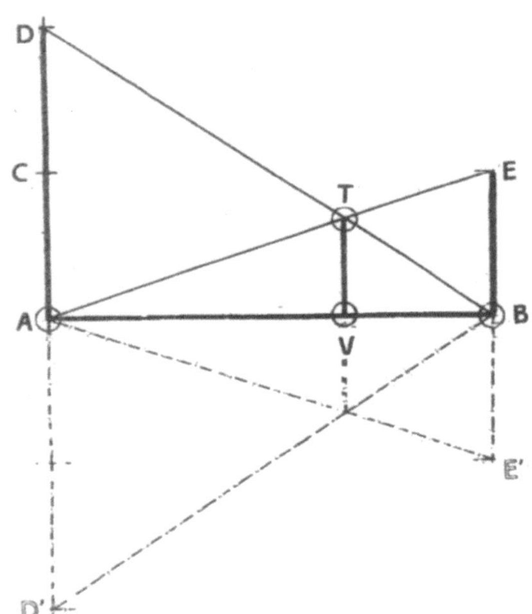

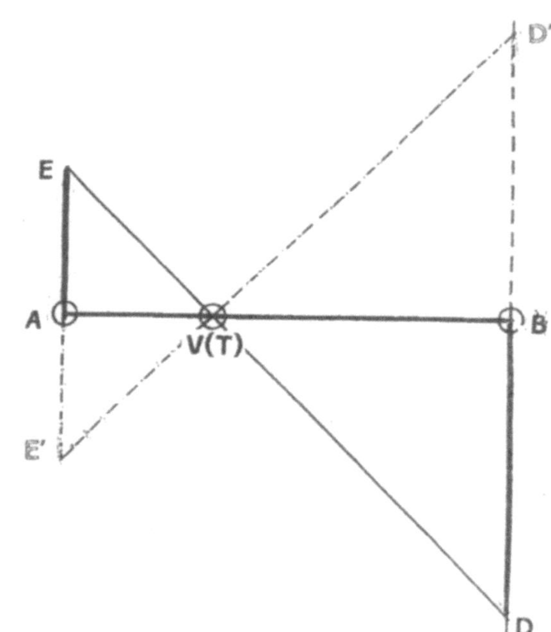

Streckenteilung mit rechtwinkeligen Strecken

am Anfangspunkt (A) und Endpunkt (B)

im Verhältnis dieser Strecken

PARALLELVERSCHIEBUNG

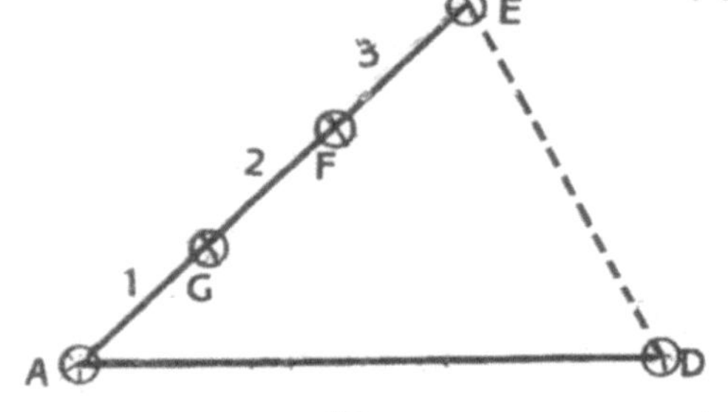

Die Strecke $\overline{AD}$ soll mit den Strecken

$\overline{AG}, \overline{GF} \& \overline{FE}$ gedrittelt werden.

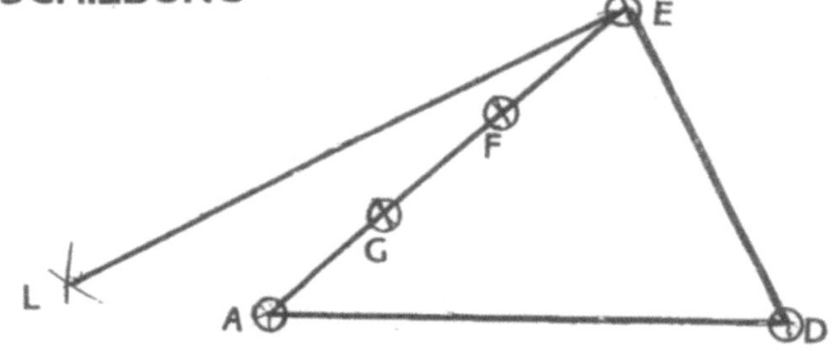

Auf Punkt E wird zu $\overline{DE}$ mit der Strecke $\overline{EL}$

ein rechter Winkel konstruiert.

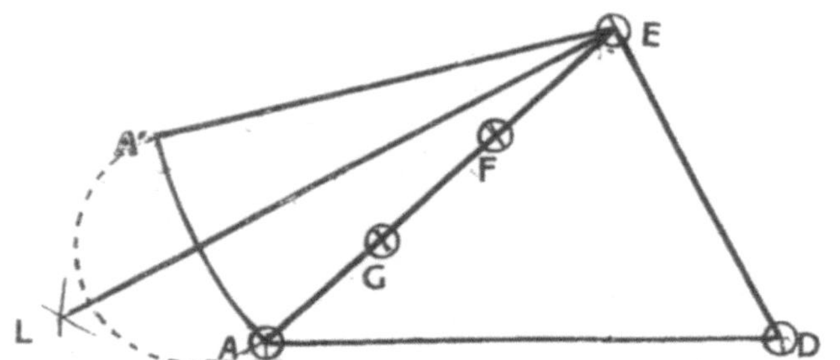

Ein Kreisbogen (Radius $\overline{AE}$) wird über

die Linie $\overline{LE}$ hinaus gezeichnet. Der gestrichelte

Kreisbogen definiert Punkt A' der Strecke $\overline{AE}$.

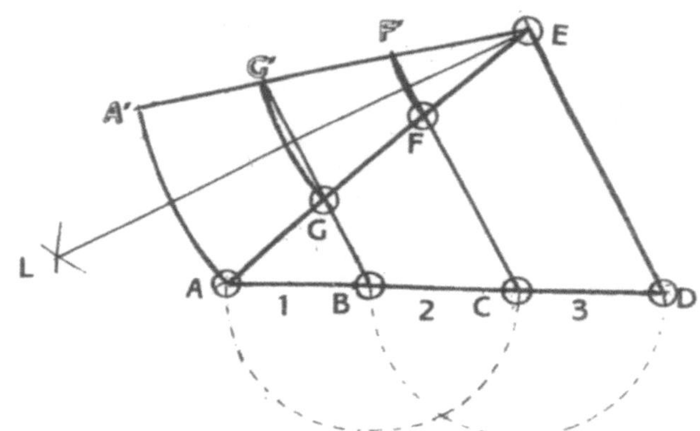

Die Punkte G'&F' werden ebenso von G&F auf

die Strecke $\overline{A'E}$ übertragen. Parallel zu $\overline{DE}$ sind die Strecken

$\overline{G'GB} \& \overline{F'FC}$. Damit wird $\overline{AD}$ dreigeteilt.

So wird ein Kreis in 5, 10, 15 oder 30 Teile geteilt.

360°:72°=5 Teile
360°: 36°=10 Teile
360°:24°=15 Teile
360°:12°=30 Teile

Grundlage dieser Teilungen ist einerseits ein rechtwinkeliges Dreieck

mit den Schenkeln $\overline{SA}$ (Größe1) und $\overline{SB}$ (Größe2) und der Hypotenuse (Größe $\sqrt{5}$)

Andererseits eine Beziehung zum gleichseitigen Dreieck (60°).

Mit einer Zirkelrotation um Punkt A (Radius $\overline{SA}=1$)
wird auf der Hypotenuse $\overline{AB}$ ($\sqrt{5} \simeq 2,2360679$) der
Punkt bestimmt, der das Verhältnis eins zur 10Eck=
sehne festlegt. Eine Rotation um Punkt B mit
$\sqrt{5}-1$ als Radius (1,2360679) erzeugt Punkt C auf
dem gestrichelten Kreisbogen (Radius $\overline{SB}=2$).

Dies ist das Konstruktionsprinzip
für ein 10-Eck.

1/6(=60°)–1/10(=36°)=1/15(=24°)   5/30–3/30=2/30=1/15

Diese Bruchzahlen beschreiben die Differenz
des rechts gezeichneten Dreiecks (mit den
Seiten $\overline{SB}$, $\overline{SC}$ & $\overline{BC}$) zum 60°–Winkel im
Verhältnis zum Kreis (1=360°).

Im Verhältnis zum 60°–Winkel hat dieses
Dreieck 3/5 und die Differenz beträgt 2/5.
(1/5=12°)

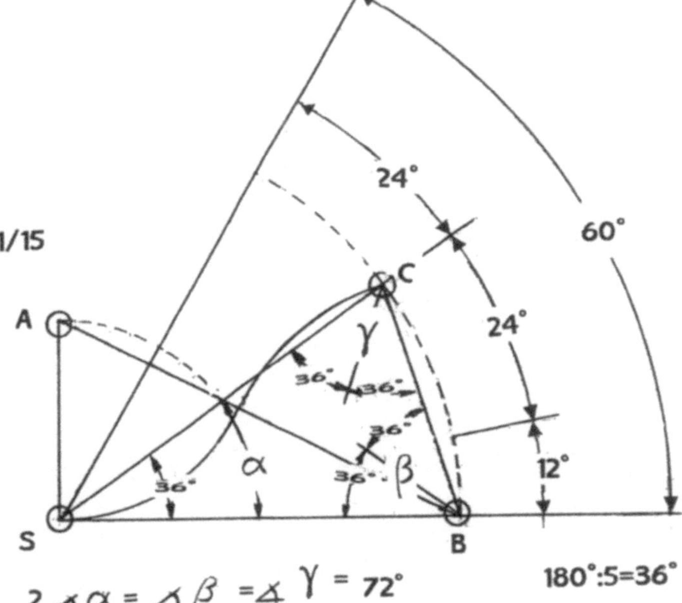

Quadratwurzelbestimmung im Halbkreis. (Radius 0 bis 3) Und eine Übertragung auf den

10-Eck Konstruktionshalbkreis (Radius SP bis SZ)

SP ("1") ist der Scheitelpunkt des periferen Winkels mit 18°.
SZ ("3") ist der Scheitelpunkt des zentralen Winkels mit 36°.
und Mittelpunkt beider Kreisbögen.

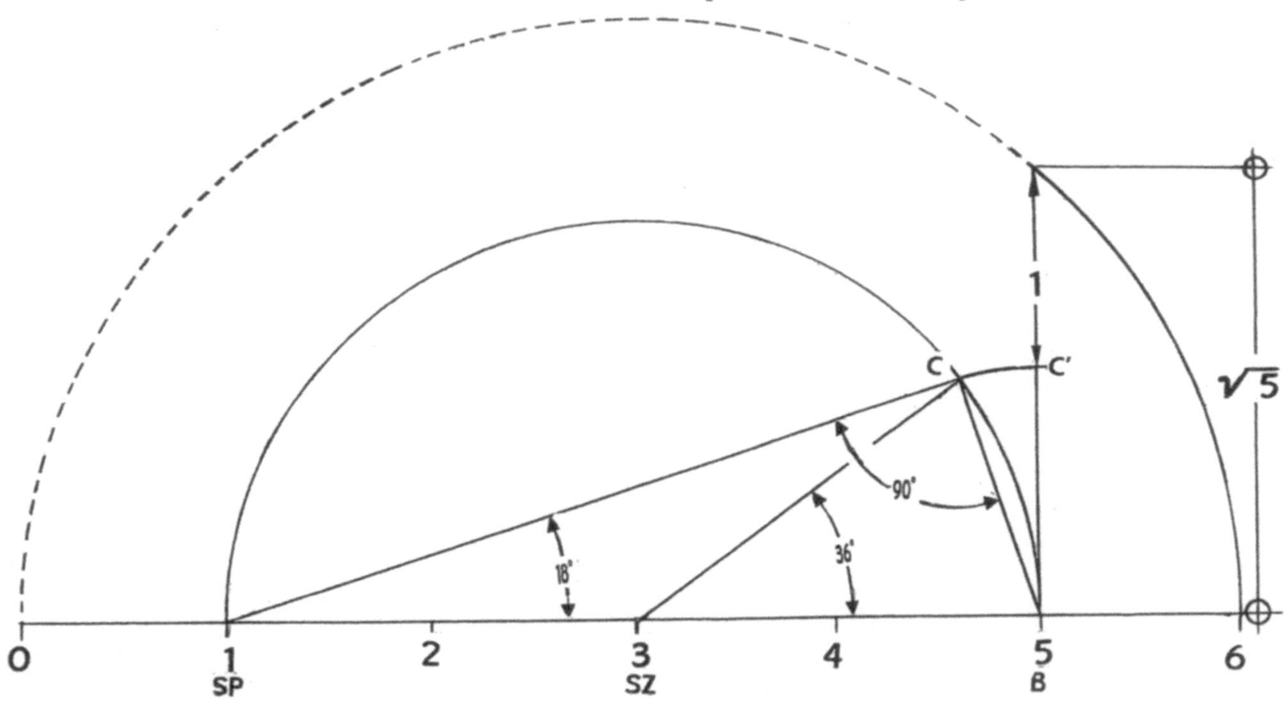

Die Quadratzahl (als Länge) um 1 verlängert ist die Länge des Durchmessers
vom Bestimmungshalbkreis .Auf diesem Durchmesser ist die Strecke, die recht=
winkelig von Punkt B der Halbkreisstrecke 0 bis 6 zum Bestimmungskreisbogen ge=
zeichnet ist, die genaue Seitenlänge (= $\sqrt{5}$) des Quadrates mit gleicher Flächenzahl (5^2).

Winkeldrittelung

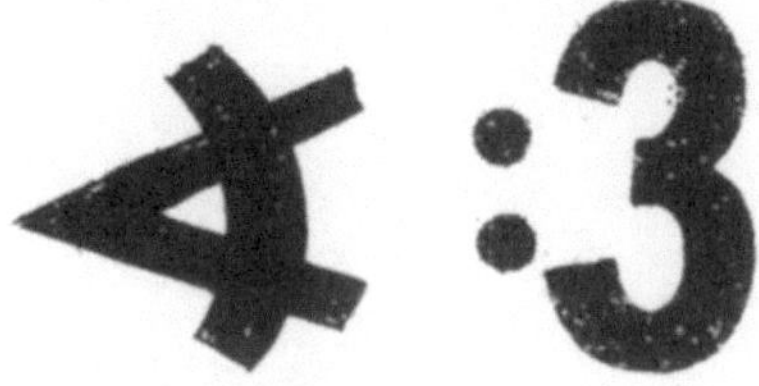

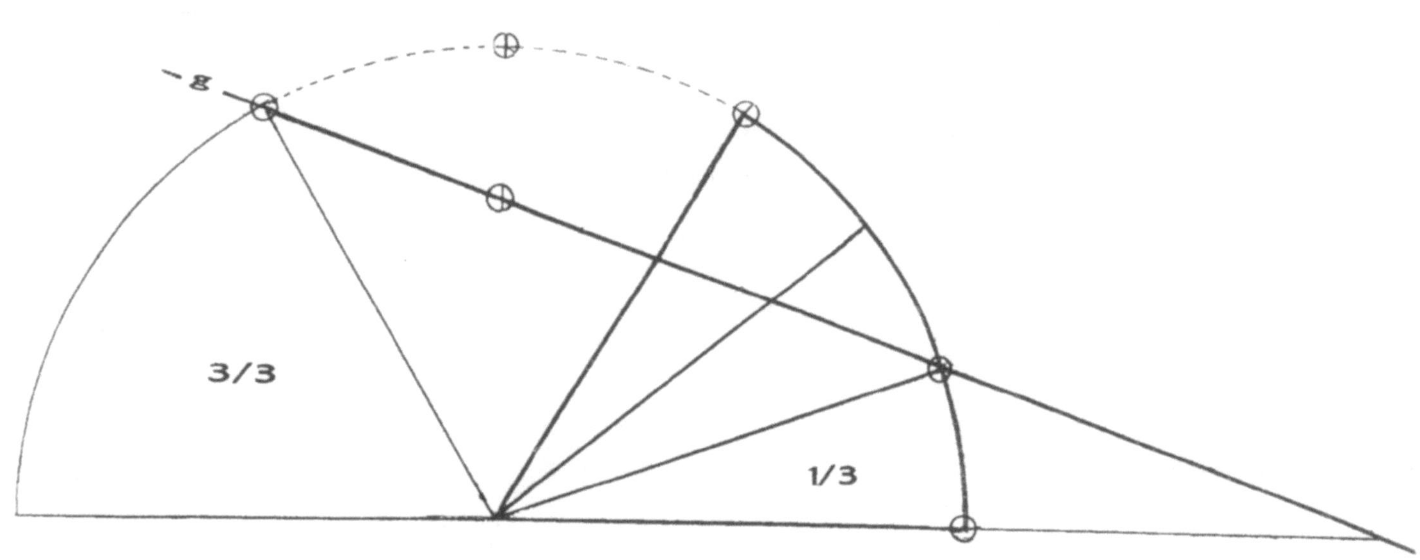

$$60° : 3 = 20°$$

SIE IST KONSTRUIERBAR!

Wird an einem Winkel ein Kreis=
bogen, der diesen gleichschen=
kelig begrenzt konstruiert, so
sind Teile dieses Bogens ver=
bunden mit dem Scheitelpunkt (S)
Winkelteile.
Sind die Bogenteile gleich groß,
sind auch die Teilwinkel gleich
gleich groß.
In den Zeichnungen ist der
Schnittpunkt des Begrenzungs=
kreisbogens mit der Basisge=
raden "uB" (unteres Bogenende)
bezeichnet. Der Schnittpunkt des
selben Bogens mit dem oberen
Schenkel des zu teilenden Winkels
ist Punkt "oB" benannt. Am
Scheitelpunkt ist rechtwinkelig
zur Basisgeraden eine Spiegel=
ungsachse gezeichnet, an der der
zu teilende Winkel nach links
gespiegelt wird.

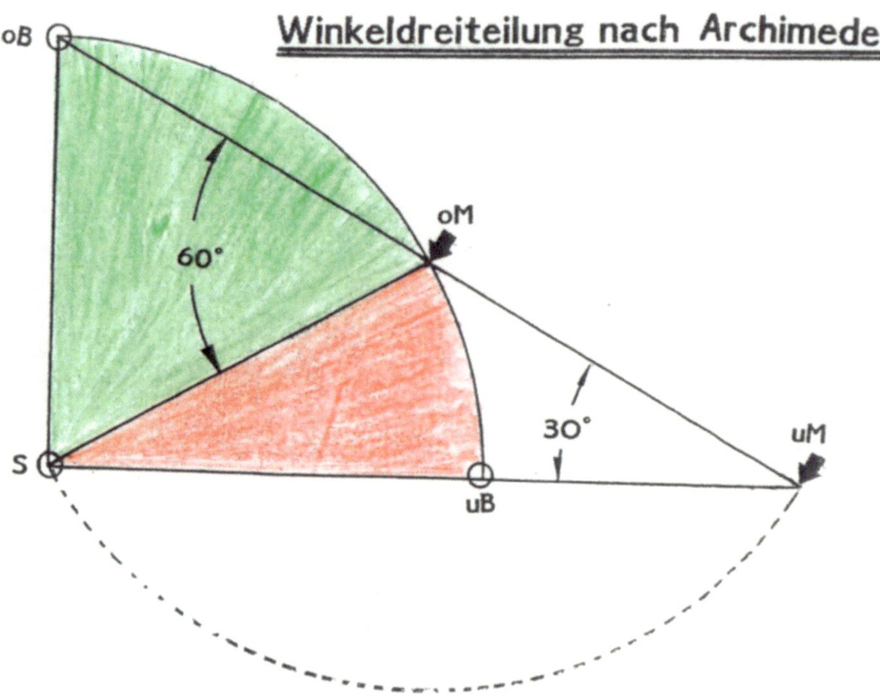

Archimedes hat erkannt, daß 3 Punkte auf einer Geraden(g) einen
Winkel (kleiner/gleich 90°) dritteln können. Dafür werden auf dieser
Geraden (oder Lineal) 2 Markierungen angebracht.Dieses Hilfsmittel wird
so verschoben, bis die untere Markierung mit der Basisgeraden b; die
obere Markierung mit dem Kreisbogen uBoB und der dritte Punkt mit dem
gespiegelten Punkt von oB = oB′ Elemente der Geraden g sind.

Obwohl Archimedes *Drittelung selbst keine* Konstruktion ist, eignet sie sich doch
zur Prüfung von Konstruktionen.

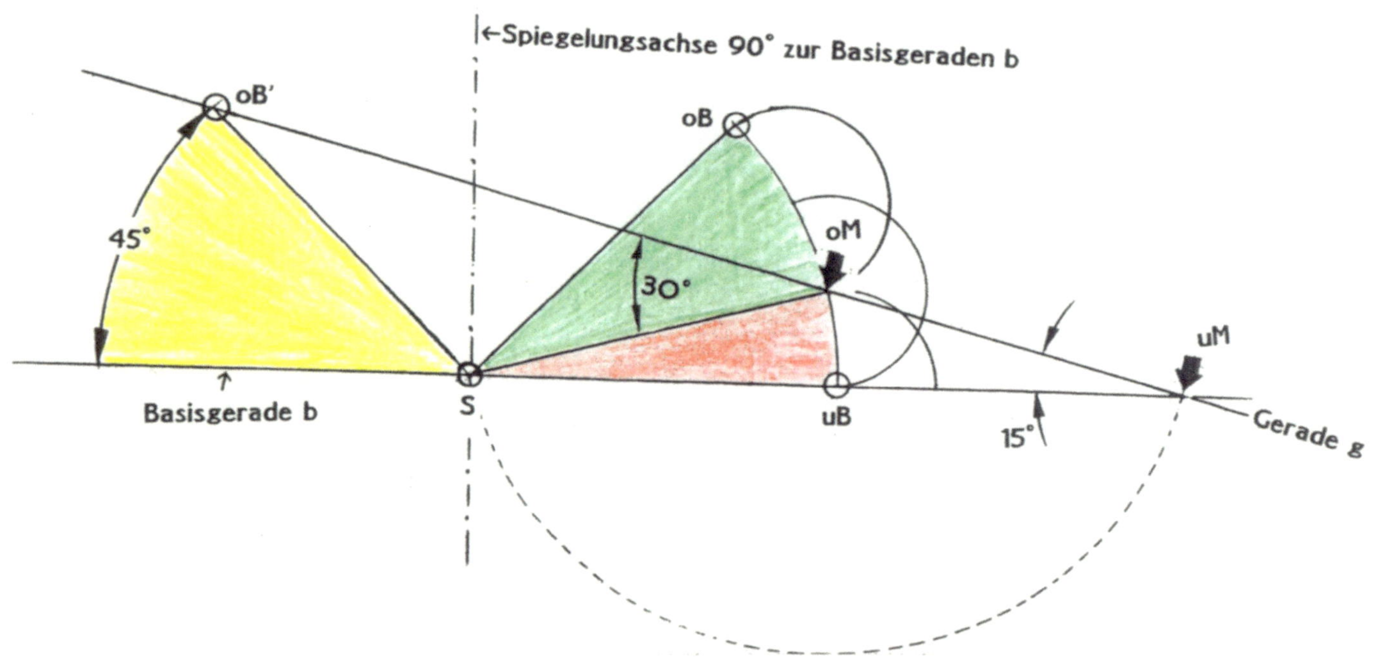

Die 45° Drittelung ist ein Beispiel, das auch ohne die Gerade (Lineal)
des Archimedes konstruierbar ist.

PRINZIPDARSTELLUNG

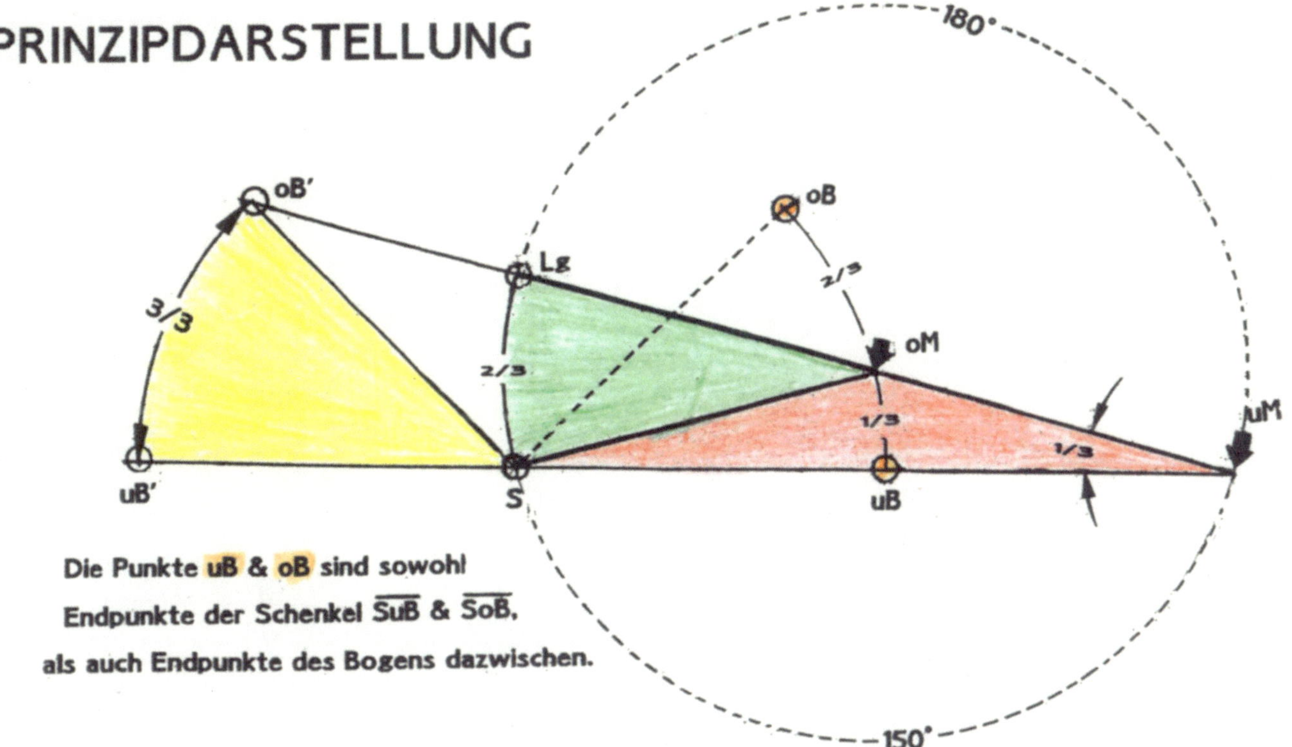

Die Punkte **uB** & **oB** sind sowohl
Endpunkte der Schenkel $\overline{SuB}$ & $\overline{SoB}$,
als auch Endpunkte des Bogens dazwischen.

Der Durchmesser $\overline{Lg\,uM}$ des gestrichelten Kreises mit dem Mittelpunkt oM hat einen Periferiewinkel von 1/3

und einen Zentriwinkel von 2/3 des Bogens $\overparen{uBoB}$ unter diesem Durchmesser.

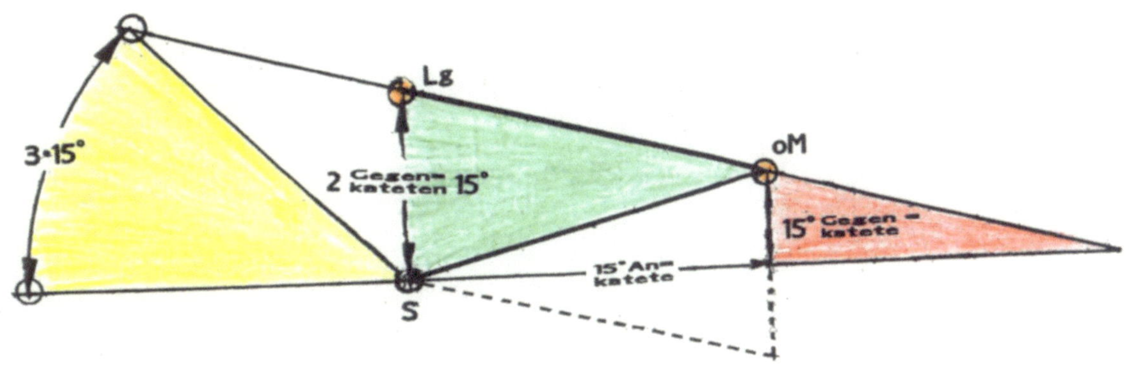

Wenn nur mit Zirkel & Lineal einer der Punkte **Lg** oder **oM** bestimmbar

ist, kann ein Winkel selbst dann konstruktiv gedrittelt   werden, wenn es mit

den sonst üblichen Verfahren nicht möglich ist.

$$\overline{Lg\,uM} = \overline{uB'\,uB}$$

oM ist der Schnittpunkt von $\overline{Lg\,uM}$ mit dem Bogen $\overparen{uB\,oB}$

Konstruktion des Punktes oM am Bogen $\overset{\frown}{uBoB}$ mit einer Durchmesserdrittelung & einer Winkelhalbierung

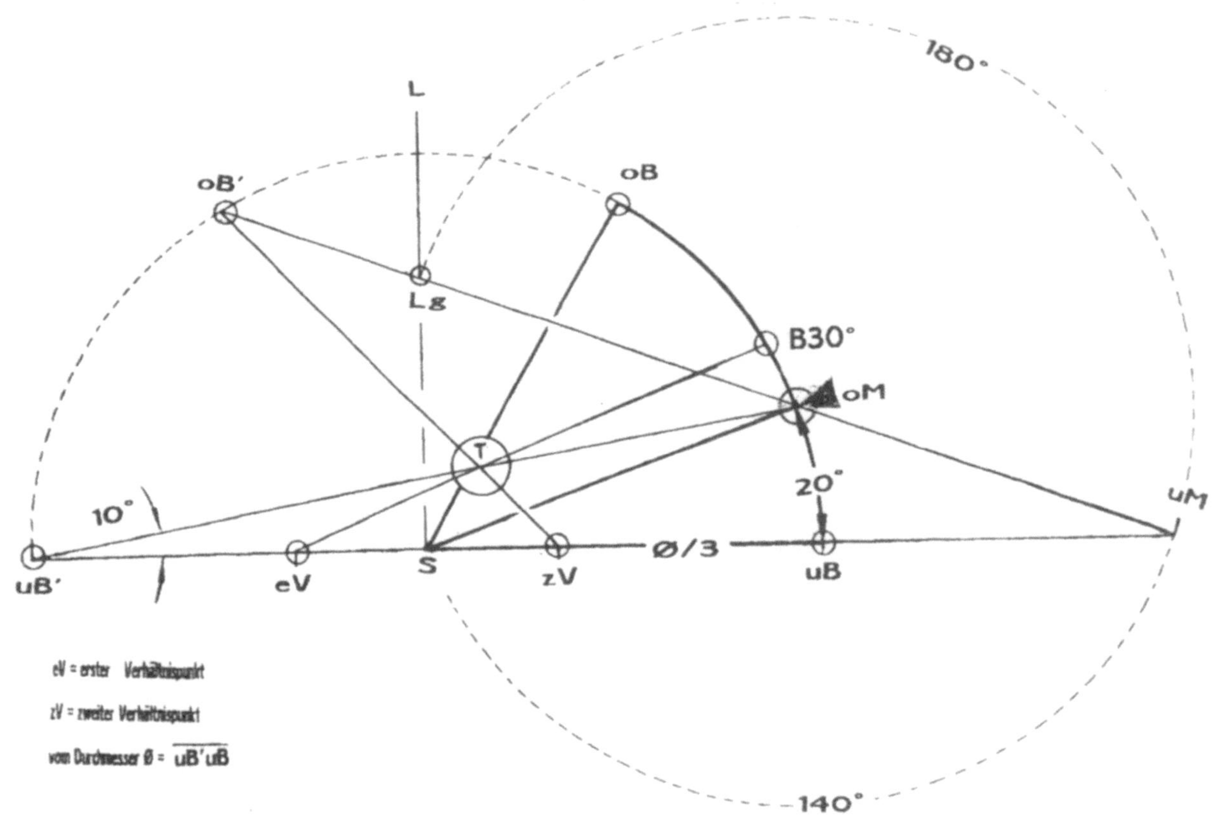

Soll der $60°$—Winkel $\overset{\frown}{uBoB}$ im rechten Quadranten $\overline{LuB}$ gedrittelt werden, wird dazu der Quadrant zum Halbkreis ergänzt und der $60°$—Winkel nach links gespiegelt. Die Basisstrecke $\overline{uB'uB}$ wird gedrittelt. Sie ist so lang, wie die Strecke $\overline{LguM}$ der Geraden g oB'uM.

Die Teilung vollzieht sich am Punkt T mit dem $10°$-Peripheriewinkel bei uB' und dem $20°$—Zentriwinkel bei S mit dem Bogen $\overset{\frown}{uBoM}$.

Punkt T ist Schnittpunkt der drei Strecken $\overline{eVB/2}$, $\overline{zVoB'}$ und $\overline{uB'oM}$.

Konstruktion des Punktes Lg

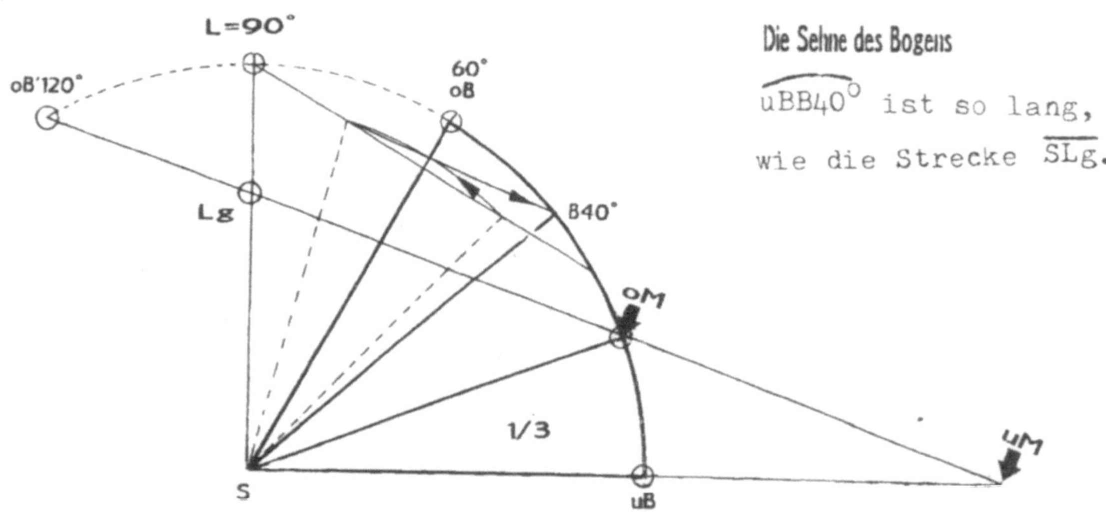

Die Sehne des Bogens

$\overset{\frown}{uBB40°}$ ist so lang, wie die Strecke $\overline{SLg}$.

Geprüft nach Archimedes mit der Geraden g, die 2 Markierungen hat (uM&oM)

Mit Winkelhalbierenden Winkel dritteln

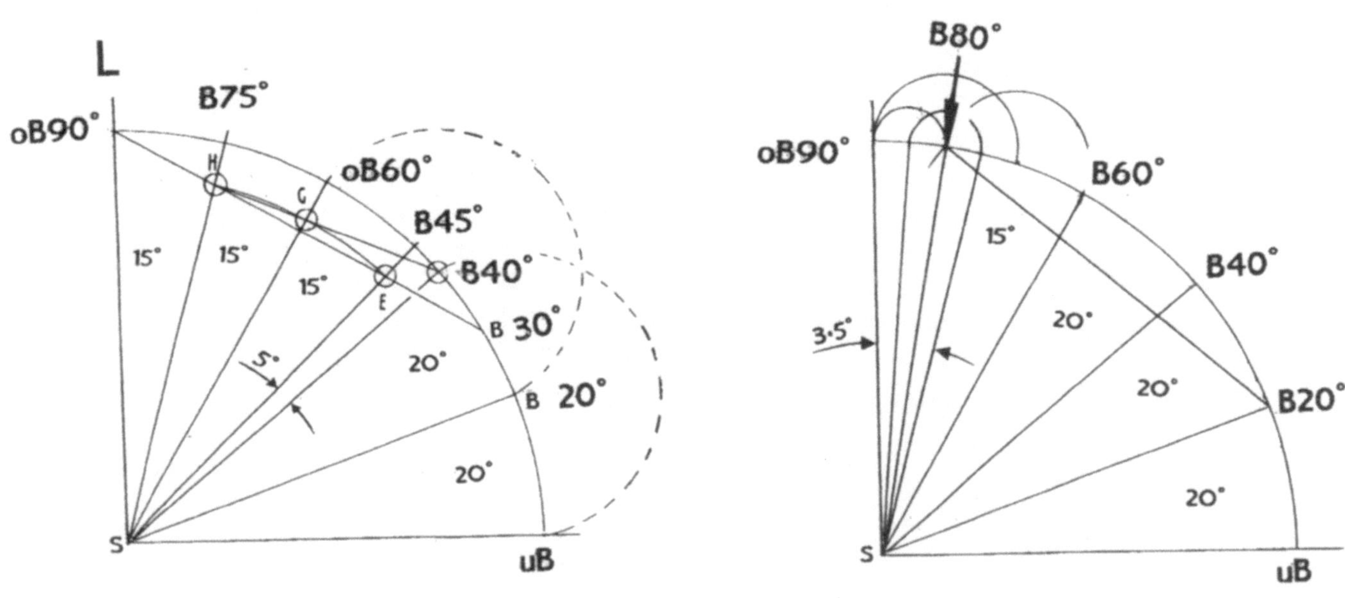

Die Vergleichsgröße dafür ist der 90° Winkel. Er ist drittelbar. (60°= $\overline{SuB}$)

Es wird zum Vergleich des 90° Winkels mit dem 60° Winkel

der Bogen des rechten Winkels $\overarc{uBoB90°}$ halbiert

(=2·45°) und gedrittelt (3·30°)

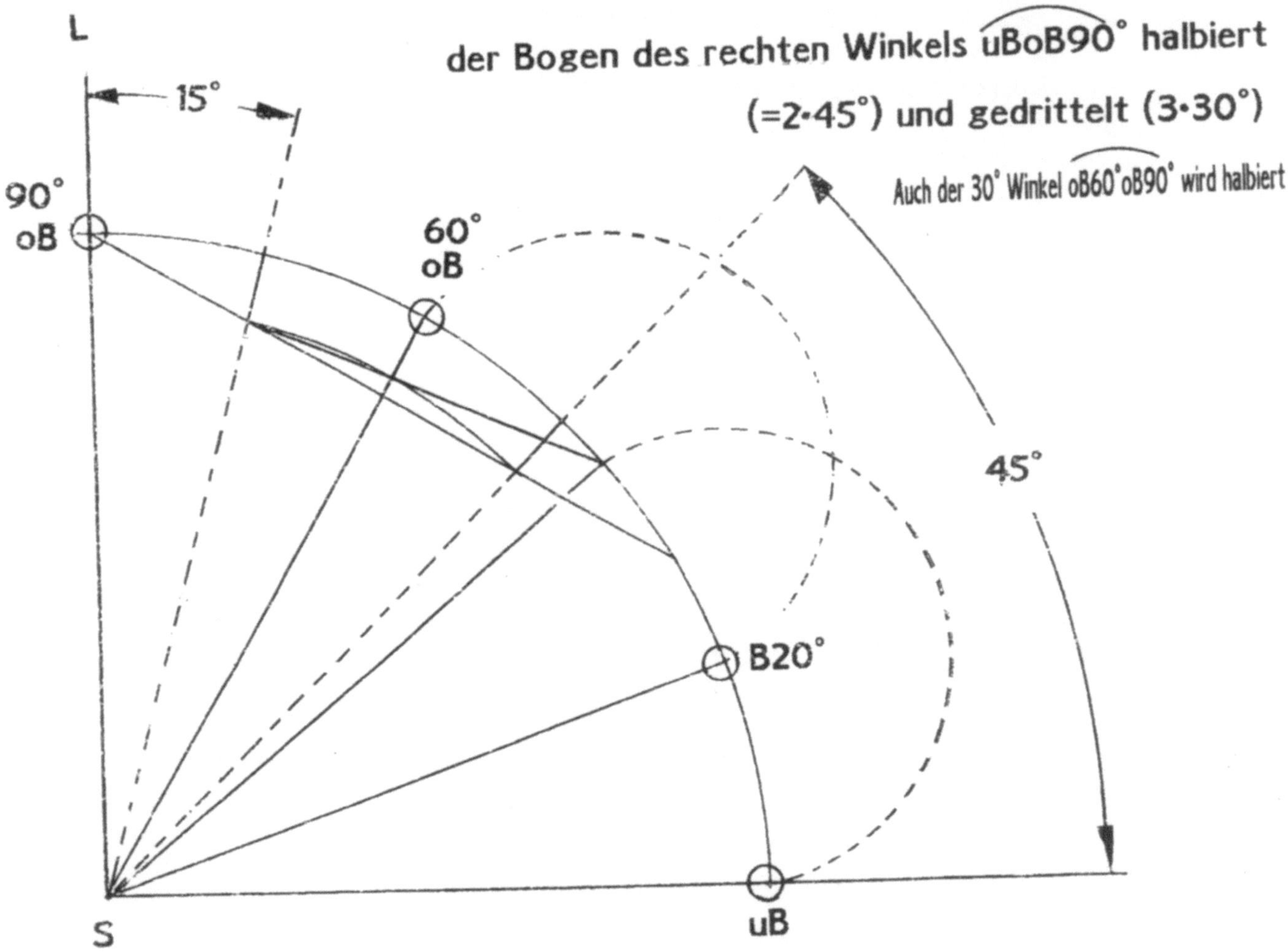

Auch der 30° Winkel oB60°oB90° wird halbiert

Die Sehne des 60° Bogens $\overarc{B30°oB90°}$ schneidet den 45° Strahl am
Punkt E. Mit dem Radius $\overline{SE}$ werden die Punkte G & H konstruiert.
Die Sehne $\overline{HG}$ verlängert zum Bogen $\overarc{uBoB90°}$ gibt dort Punkt B40°.

Konstruktion des Punktes oM

Bei der Bestimmung von Punkt Lg wird jeweils der 90° Winkel und der
Differenzwinkel zwischen dem zu teilenden Winkel und der Lotrechten L
halbiert.

Für die Bestimmung von Punkt oM wird der 90° Winkel und der zu
teilende Winkel halbiert. Hier wird der Differenzwinkel nicht halbiert.

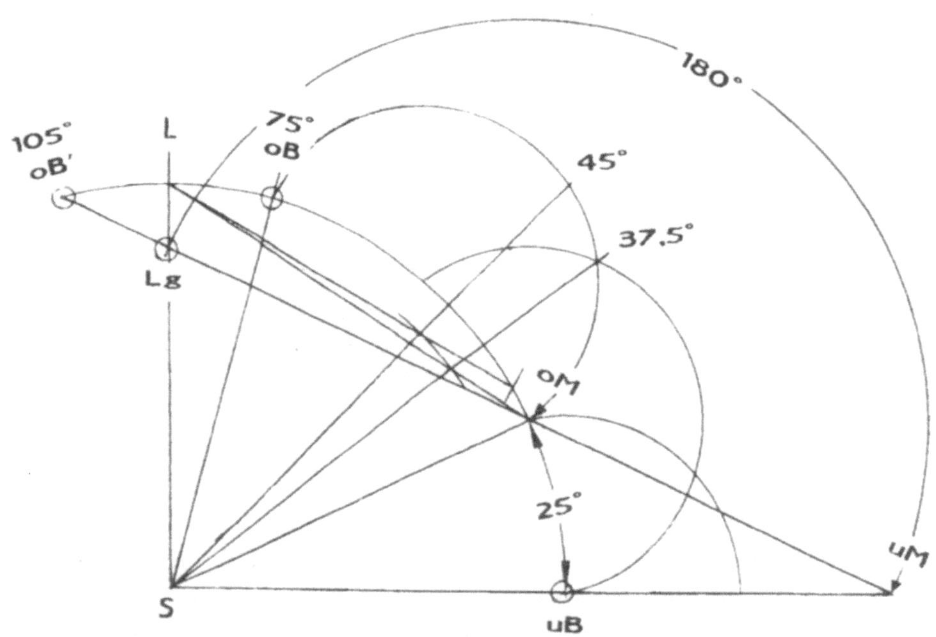

Konstruktion des Punktes PoSch

(=Schnittpunkt P mit g am oberen Schenkel $\overline{SoB60°}$)

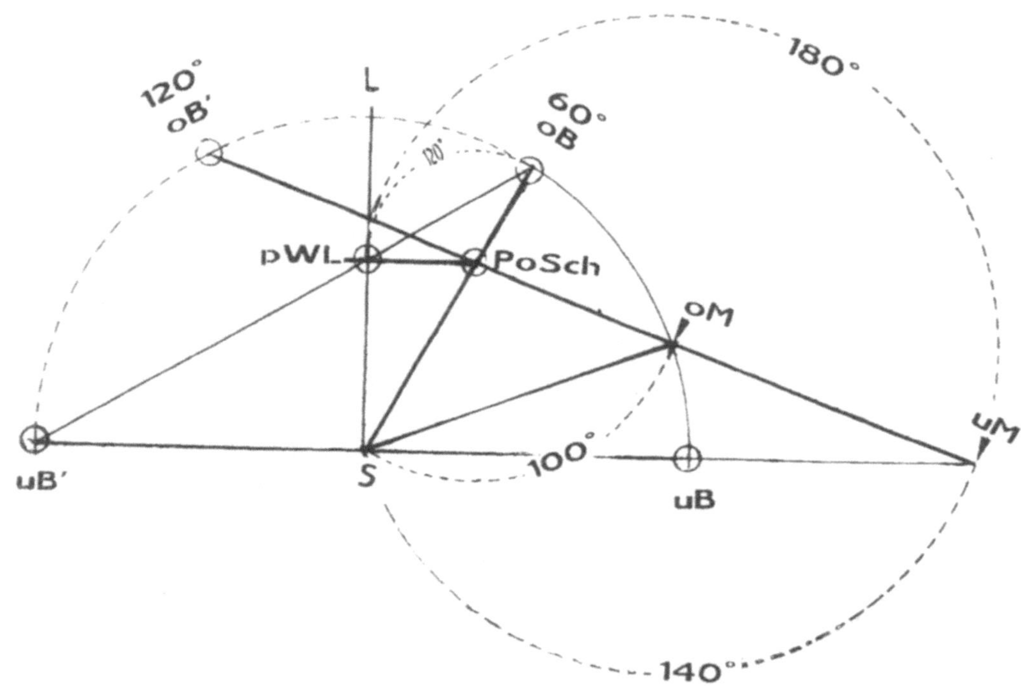

Die Strecke des oberen Periferiewinkels $\overline{uB'oB60°}$ schneidet die Lotrechte
$\overline{LS}$ am Punkt pWL. Die Strecke $\overline{pWLPoSch}$ ist parallel zu $\overline{uB'uB}$.
$oB'120°PoSch$ verlängert gibt am Bogen $\overgroup{uBoB}$ Punkt oM und an der Basis=
geraden b Punkt uM.

Diese 45° Drittelung zeigt, daß die Achimedische Dreiteilung

von Winkeln konstruierbar ist.

Der obere Bogenendpunkt oB'

legt einen Punkt der Graden g fest.

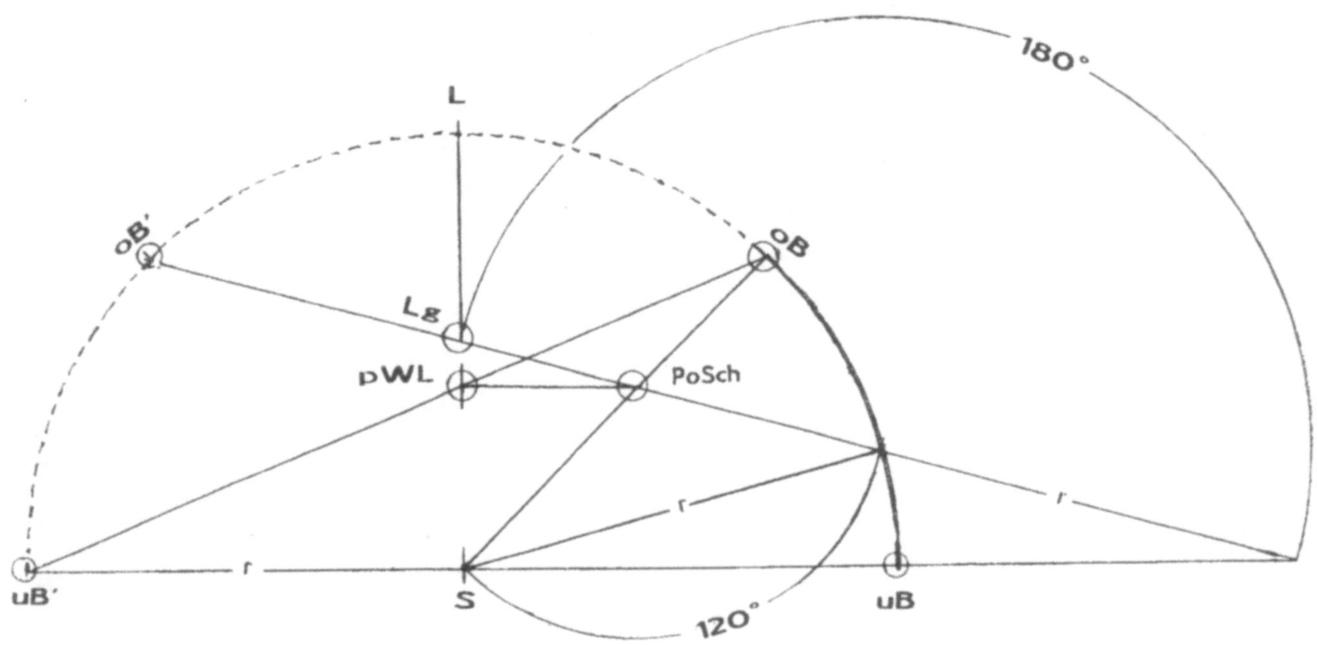

Ich habe mit unterschiedlichen Methoden je einen zweiten Punkt
konstruiert, der die Gerade g auf einer Fläche so festlegt,
daß eine Strecke (Länge=Bogenradius) dieser Geraden an einem Endpunkt
Element des zu Teilenden Winkels, und am anderen Endpunkt Element
der Basisgeraden b ist.

Schlußwort:
Algebraische Berechnungen ergaben bei gleichen Zeichnungen
unterschiedliche Ergebnisse mit sehr geringer Abweichung je
nach Rechenweg.

Als ich auf die Winkeldrittelung des Archimedes aufmerksam
wurde, dachte ich über seinen Erkenntnisweg nach. Ich nehme
an, daß er konstruktive Ansätze für seine Entdeckung hatte.
Seine einfache Linealmethode ist warscheinlich nur ein
Praxishinweis für Anwender!

75° : 3

Mit Schenkelteilen Winkel dritteln

<u>STRECKENTEILUNG</u> *durch* verhältnisgleiche Übertragung

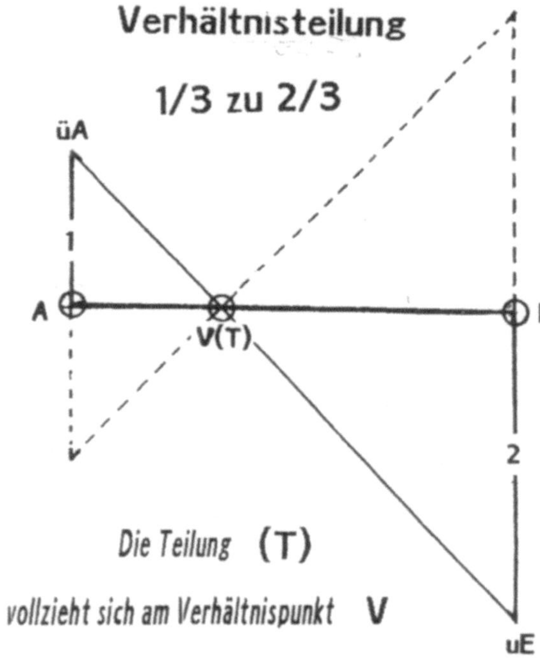

Eine Strecke hat einen Anfangspunkt A

und einen Endpunkt E

Zum Teilen dieser Strecke wird rechtwinkelig

über Punkt A und unter Punkt E

je ein Strahl gezeichnet.

Strecken auf diesen zwei Strahlen bestimmen

das Teilungsverhältnis von $\overline{AE}$.

Geteilt wird mit der

Endpunktverbindungsstrecke üA uE

oder mit $\overline{uA\ \ddot{u}E}$

So wird eine Streckenteilung

in eine Bogenteilung zur Winkeldrittelung überführt:

Je Schenkel ($\overline{SuVd}$ & $\overline{SoVd}$) teilen 5 Teilstrecken mit Verbindungsstrecken und einem gleichseitigen

Dreieck ($\overline{oBuB}$ = $\overline{oBEgD}$ = $\overline{uBEgD}$) den Bogen der dritten Teilstrecke in 3   gleich große Bogenabschnitte.

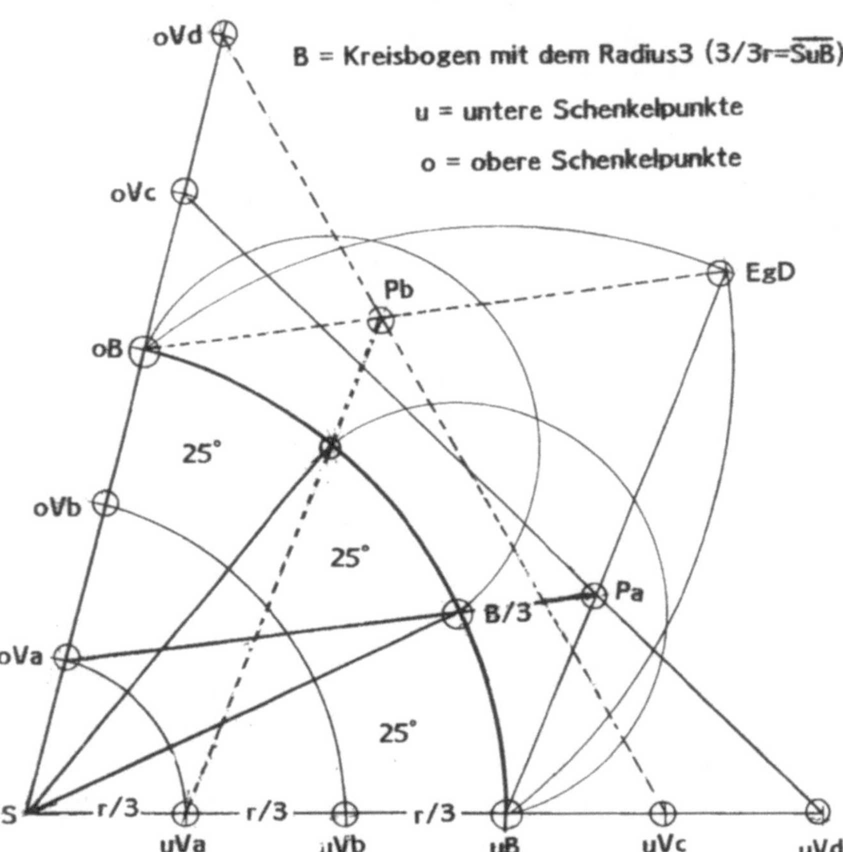

B = Kreisbogen mit dem Radius 3 (3/3r=$\overline{SuB}$)

u = untere Schenkelpunkte

o = obere Schenkelpunkte

S = Scheitelpunkt des 75° Winkels

V = Verhältnispunkte der Schenkelteile

EgD = Eckpunkt des gleichseitigen Dreiecks

Pa & Pb = Punkte für die

Übertragungsstrecken $\overline{oVaPa}$ & $\overline{uVaPb}$

auf den Bogen $\overset{\frown}{uBoB}$

75° : 3

= B/3 = 25°

Pa = Schnittpunkt von $\overline{uVdoVc}$

mit der Dreieckseite $\overline{uBEgD}$

Konstruktionsprüfung

Im linken Quadranten mit dem Bogen $\overline{LuB'}$ wird ein 75°-Winkel gedrittelt.
Die Sehne uB'B50° wird auf die Lotrechte L von Punkt S aus übertragen.
Damit wird Punkt Lg bestimmt.

  Wird der Durchmesser $\overline{uB'uB}$ von Punkt Lg ausgehend nach rechts auf
die Basisgerade übertragen, entsteht dabei Punkt uM.

  Diese Strecke ist Teil der Geraden g ($\overline{oB'uM}$)

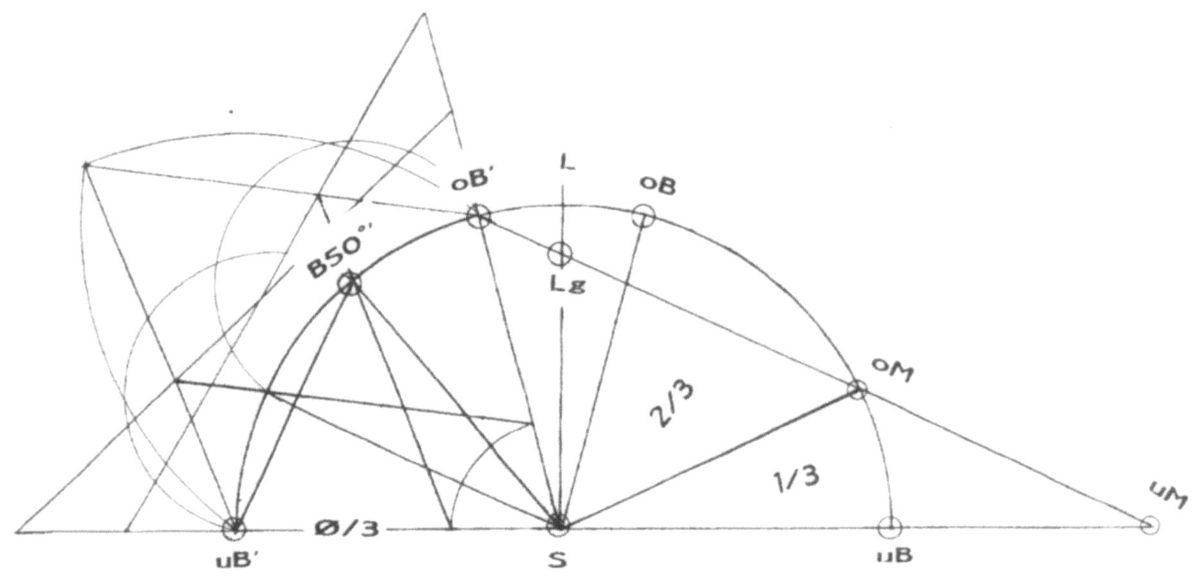

Weitere Übertragung von Schenkelteilen auf einen Bogen zur Bogenteilung

Die beiden Strecken $\overline{oVeuB}$
und $\overline{oVcuVd}$ schneiden sich
im Punkt Pb.

Die Strecke $\overline{oVaPb}$ schneidet
den Bogen $\overparen{uBoB}$ im Punkt
B40°

Der Bogen des 60°-Winkels
wird dort in 2/3 und 1/3
  geteilt.

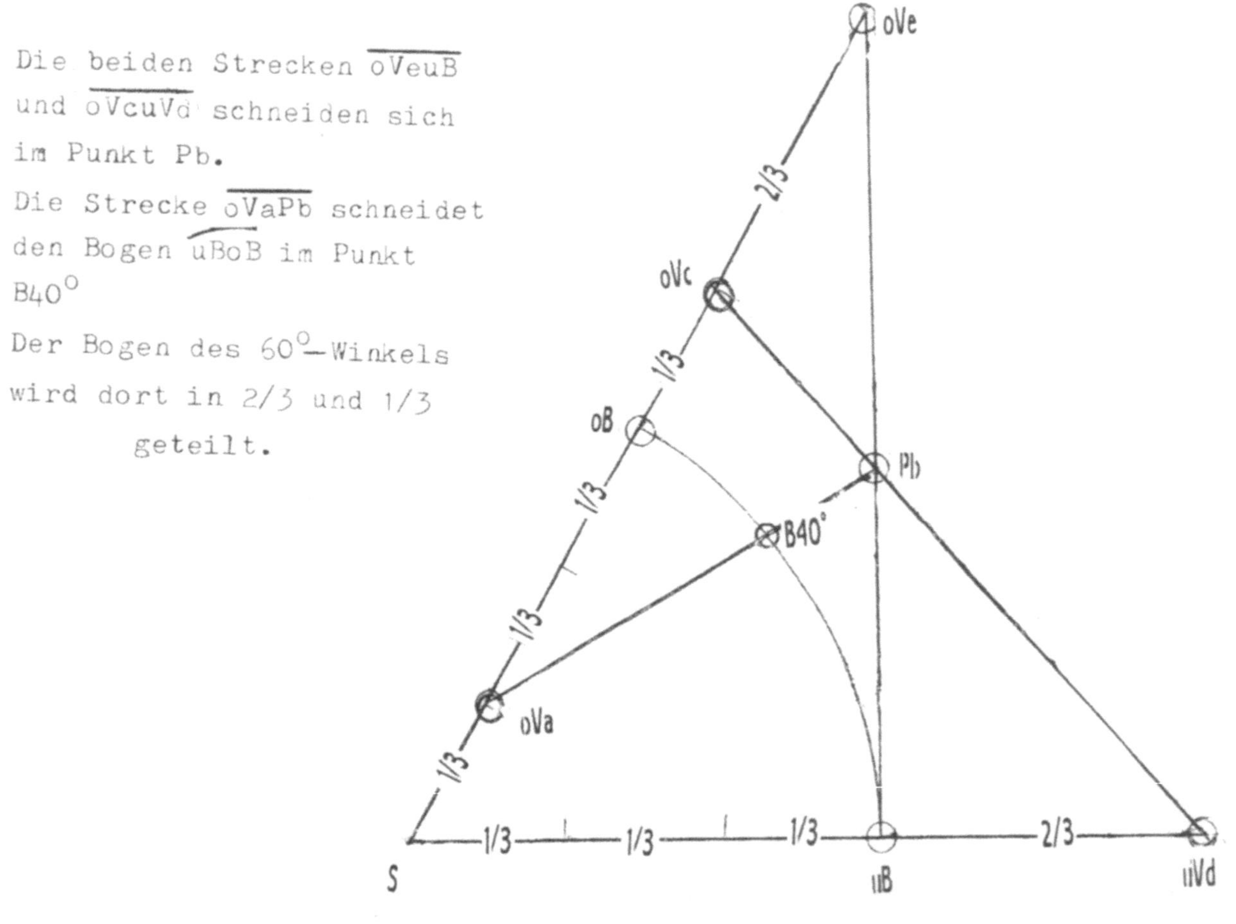

KLEINE AUSWAHL

MEINER ANALYSEN   von 2004 bis 2014

ZUR WINKELTEILUNG

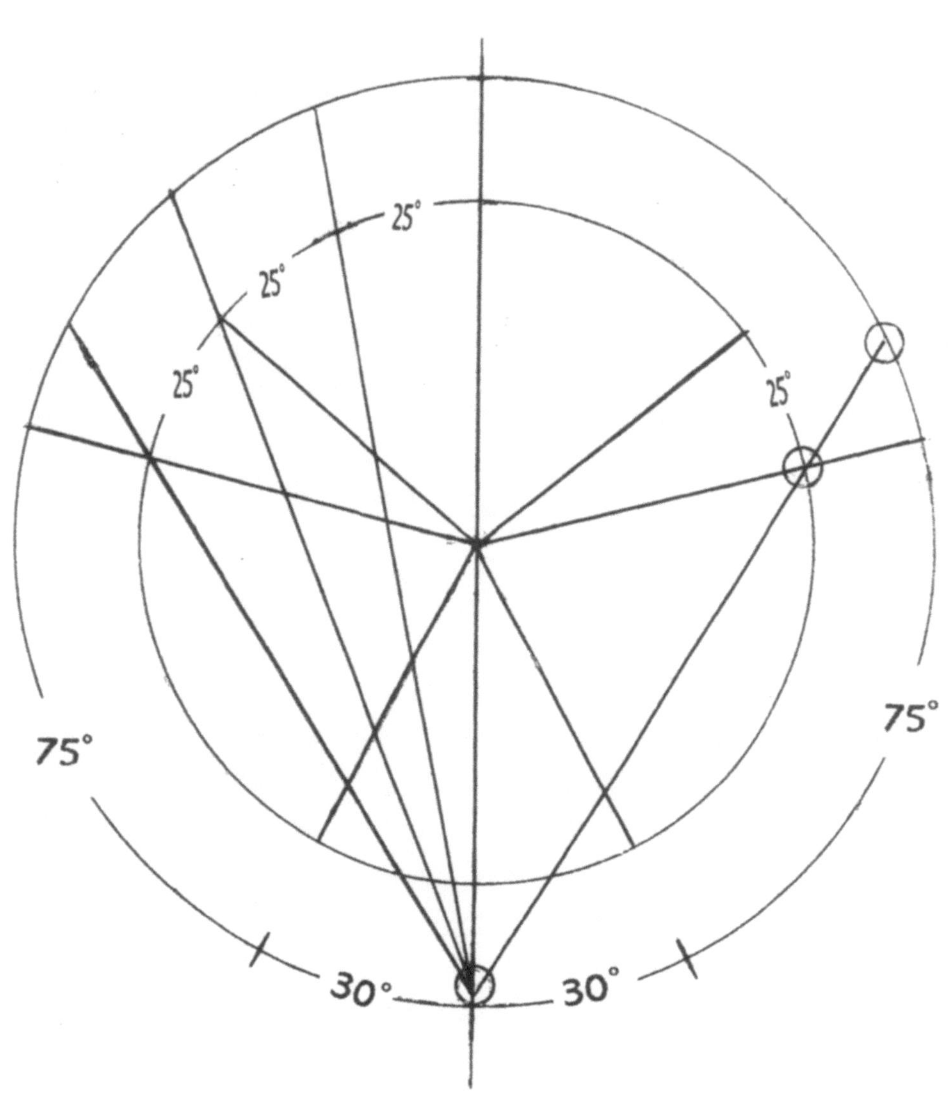

Spielerisches Experiment   vom 22.10.2004

Zur Fragestellung, was mit Zirkel und Lineal im Bezug auf Winkel
möglich ist.

Ein Winkel hat zwei Schenkel und einen Scheitelpunkt, an dem sie
sich treffen. Dort können sie spitz- oder stumpfwinkelig zusammen
kommen. Beim $180°$ — Winkel sind beide Schenkel Elemente von nur
einer "Gerade". Er wird deshalb "gestreckter Winkel" genannt.

Ein Winkel kann geteilt werden, wenn die Schenkel im gleichen Ab=
stand zum Scheitelpunkt je eine Markierung haben. Diese Markier=
ungen sind die Ausgangspunkte der Teilung.

Ein Winkel wird halbiert, wenn mit einem Zirkel Kreisbögen um die
Ausgangspunkte geschlagen werden. Die beiden Radien müssen zusam=
men größer als der Punktabstand im Winkel sein. Der Schnittpunkt
dieser Bögen ist genau in Winkelmitte, also gleich weit von den
Schenkeln entfernt.

Für eine Winkelteilung mit mehr als zwei gleich große Teile sind
zwei Markierungspunkte nicht genug. Dafür braucht man mindestens
einen Kreisbogen zwischen beiden Schenkeln der(die) um den Schei=
telpunkt rotiert(rotieren).

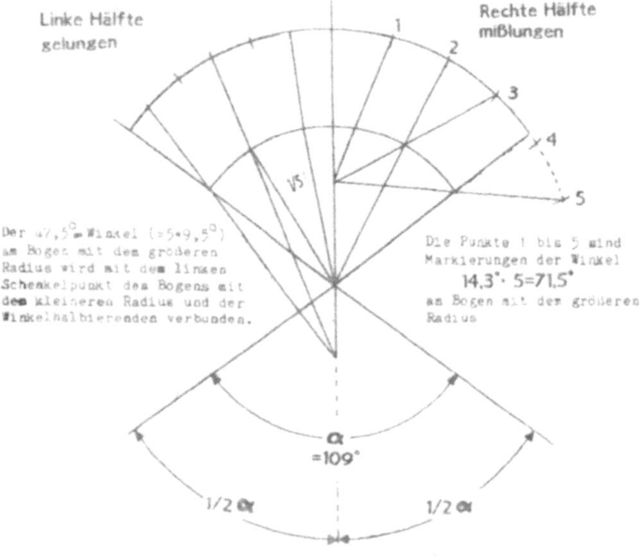

Der 47,5°- Winkel (=5•9,5°)
am Bogen mit dem größeren
Radius wird mit dem linken
Schenkelpunkt des Bogens mit
dem kleineren Radius und der
Winkelhalbierenden verbunden.

Die Punkte 1 bis 5 sind
Markierungen der Winkel

$14,3° \cdot 5 = 71,5°$

am Bogen mit dem größeren
Radius

Die obere Konstruktionszeichnung zeigt zwei Versuche, den 109°=
Winkel in fünf gleiche Teile zu teilen. Dafür sind zwischen den
Schenkeln zwei Kreisbögen mit unterschiedlichen Radien gezeichnet.

SYMETRISCHE DREITEILUNG

Der mit 4 Teilen zusammengesetzte Winkel hat den Bogen $\overparen{FL}$.
Die beiden Schenkel dieses Winkels $\overline{LS}$ und $\overline{FS}$ sind in dieser
Zeichnung weggelassen um dem Betrachter nicht mit zu
vielen Linien den Blick für das Wesentliche zu nehmen.

Die Übertragung des kleineren auf den größeren Winkel erfolgt
durch Peilung der Bogenendpunkte beider Winkel auf die
gemeinsame Symetrieachse.

Auf den so entstandenen Schnittpunkt S' beziehen sich sowohl
beide Winkel, als auch ihre Teile. $\overline{LD} \rightarrow S'$ & $\overline{FA} \rightarrow S'$.
$\overline{HE} \rightarrow S'$ & $\overline{JE} \rightarrow S'$.

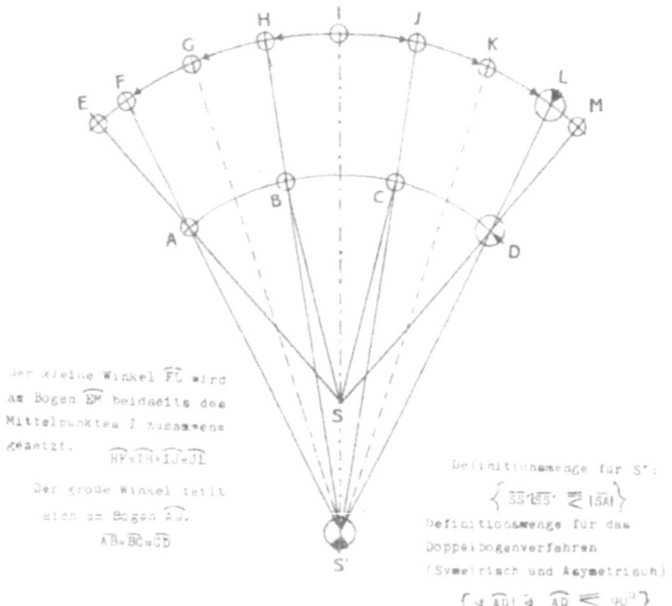

Der kleine Winkel $\overparen{FL}$ wird
am Bogen $\overparen{EM}$ beidseits des
Mittelpunktes I zusammen=
gesetzt. $\overparen{HF} = \overparen{IH} + \overparen{IJ} = \overparen{JL}$

Der große Winkel teilt
sich am Bogen $\overparen{AD}$.
$\overparen{AB} = \overparen{BC} = \overparen{CD}$

Definitionsmenge für S':

$$\left\{ \overline{SS'} \middle| \overline{SS'} \leqq |\overline{SA}| \right\}$$

Definitionsmenge für das
Doppelbogenverfahren
(Symetrisch und Asymetrisch):

$$\left\{ \sphericalangle \overparen{AD} \middle| \sphericalangle \overparen{AD} \leqq 90° \right\}$$

Winkeldrittelung

nur mit Zirkel und Lineal

erster Versuch

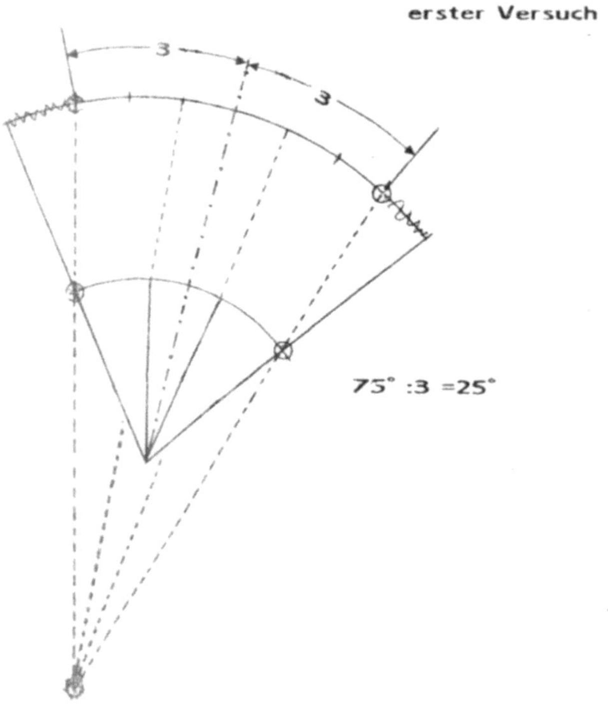

22.10.2004

Winkeldrittelung

bezogen auf beide Schenkel

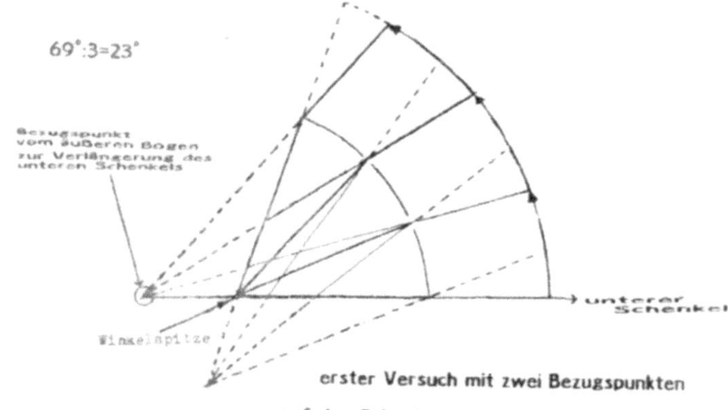

erster Versuch mit zwei Bezugspunkten

auf den Schenkelverlängerungen 28.3.2005

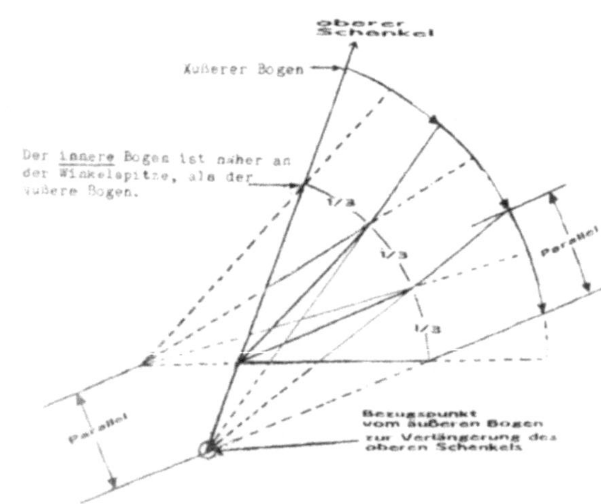

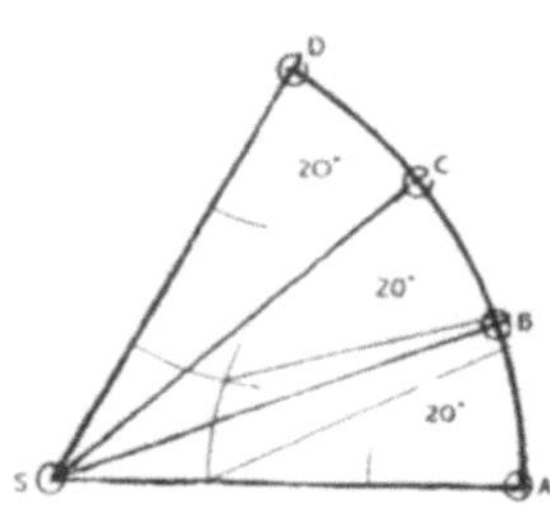

Schenkelteile werden zu Winkelteilen

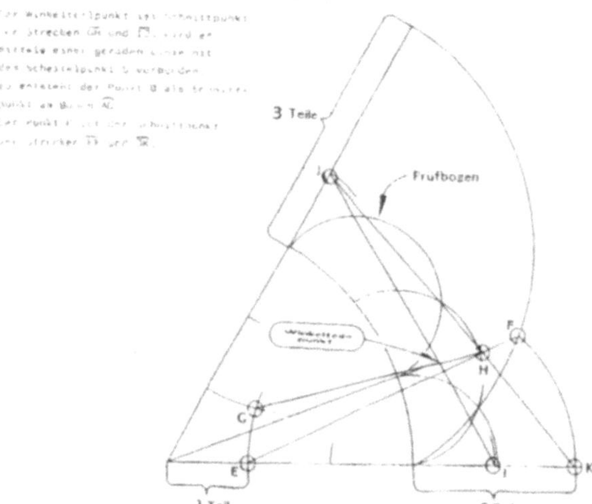

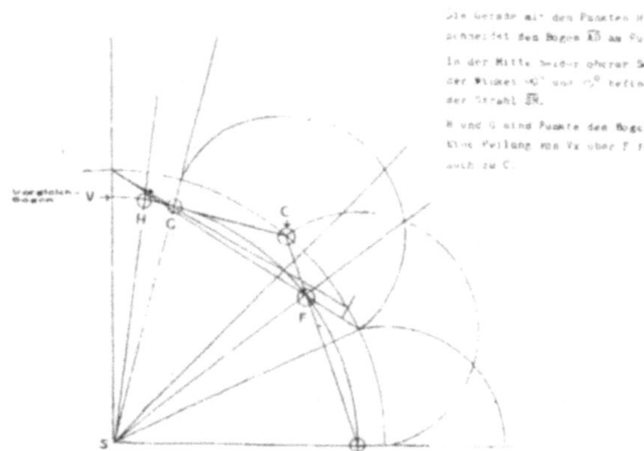

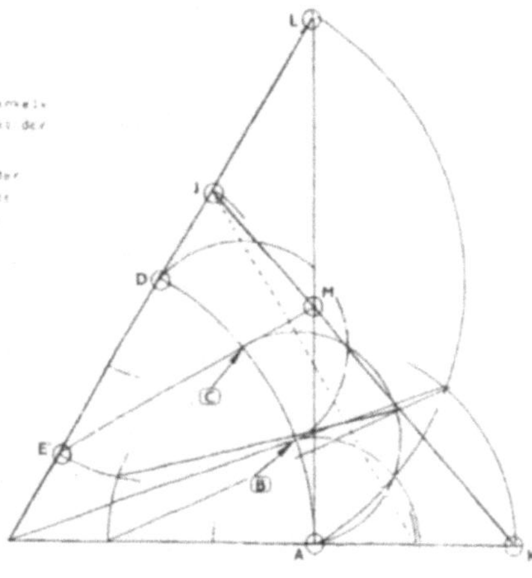

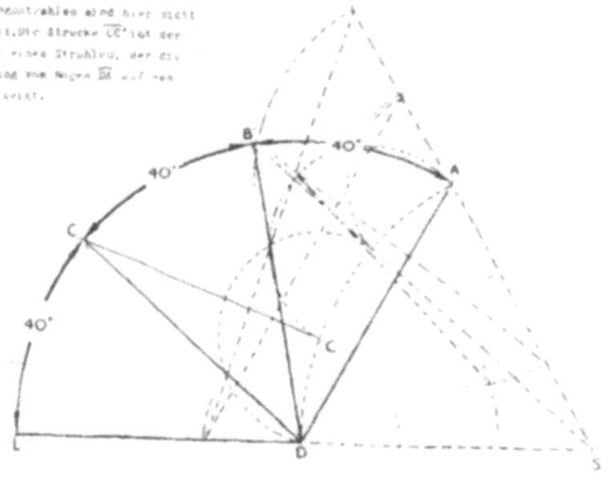

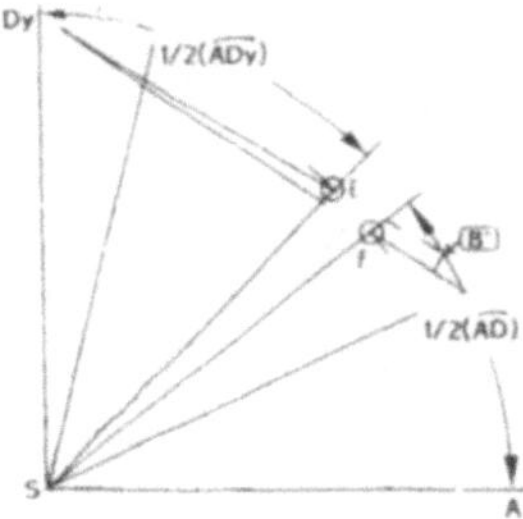

Rechtwinkeliges Koordinatensystem

...als Grundlage einer "Vergleichsdrittelung"

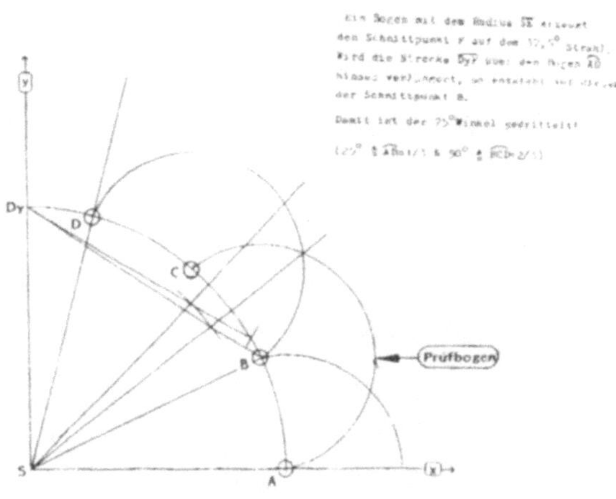

TEILUNGSVERGLEICH

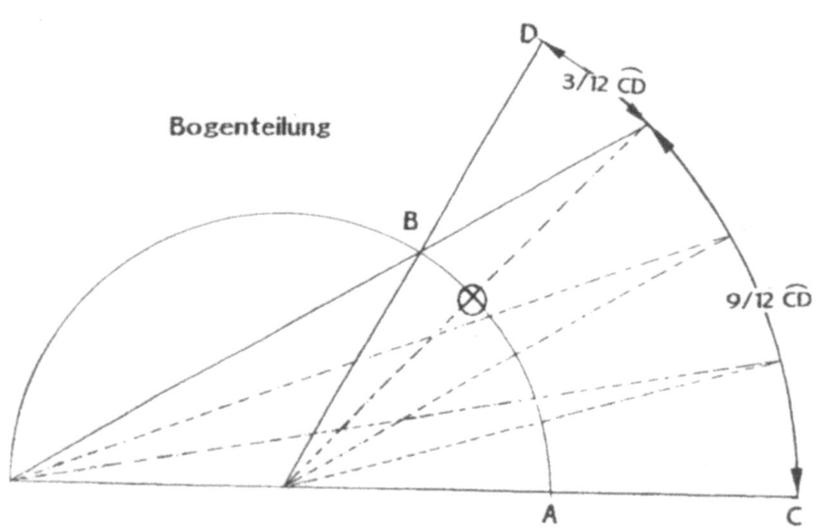

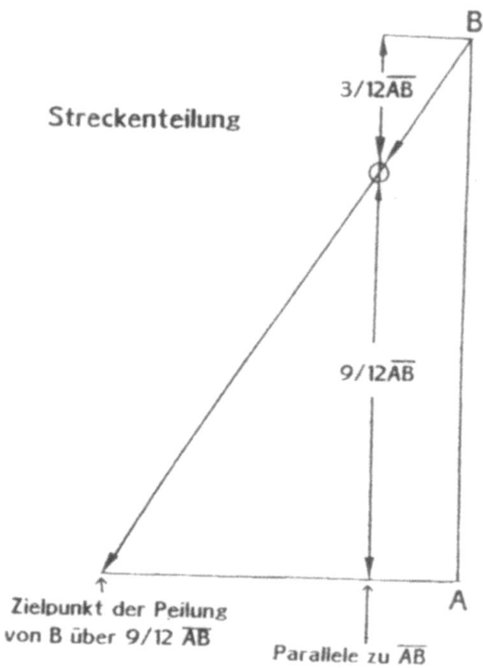

Der gemeinsame Nenner (4·3=12)
macht Teile vergleichbar.

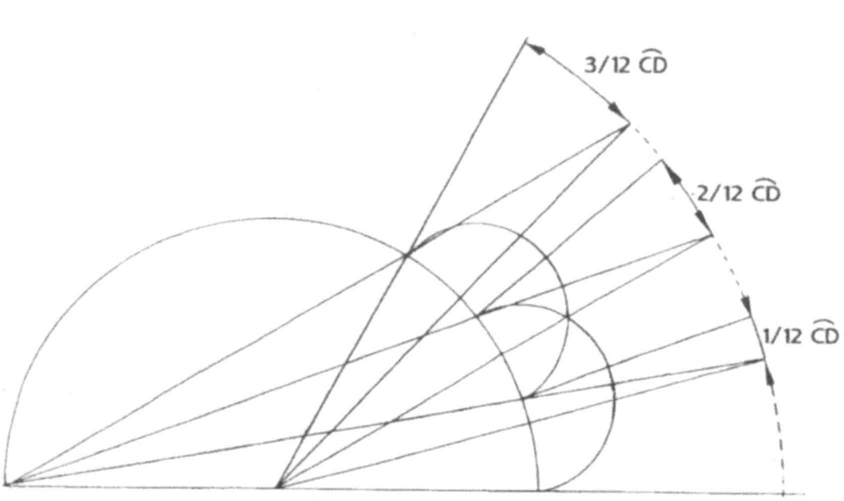

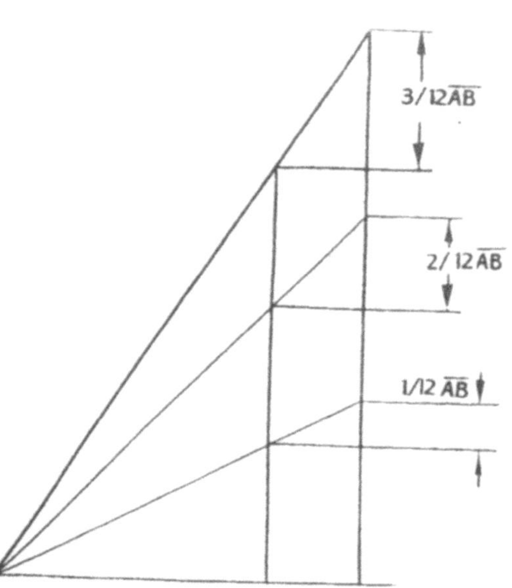

3/4(=3·3/12) teilen 4/4(=4·3/12) in 3/3(=3·4/12)

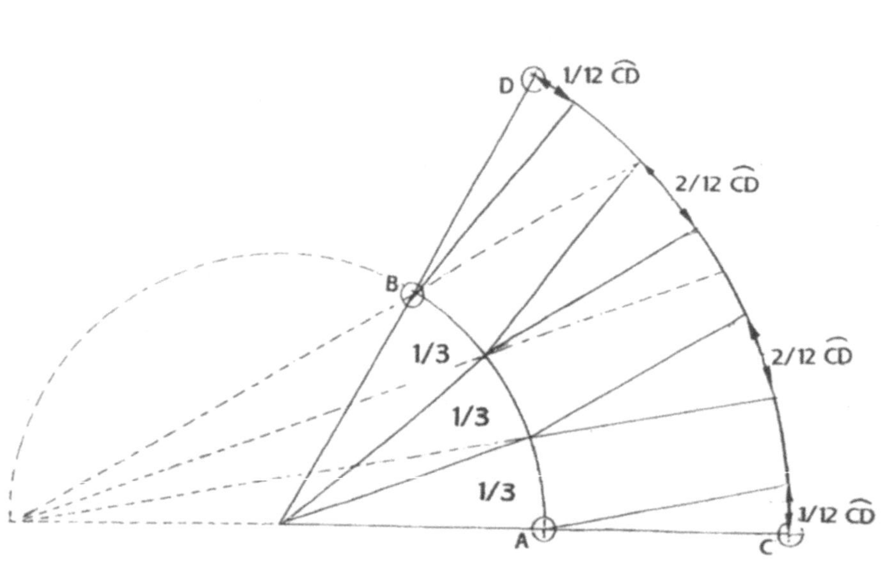

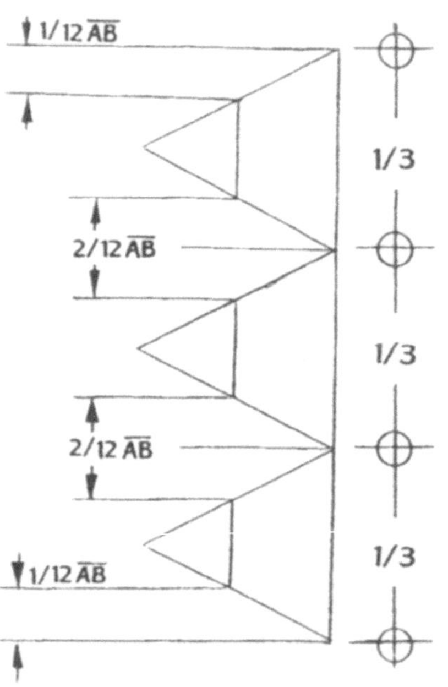

Schenkelteile teilen Winkel im Koordinatensystem X/Y

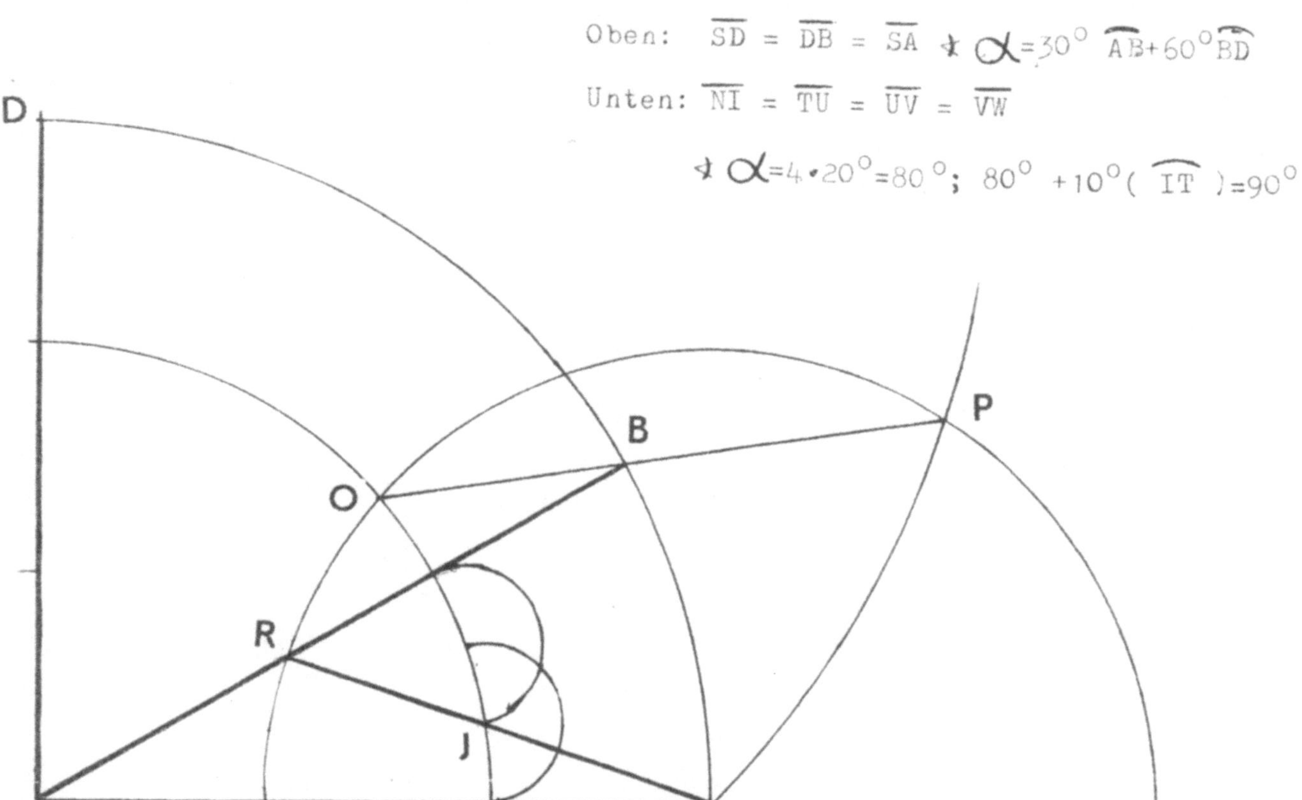

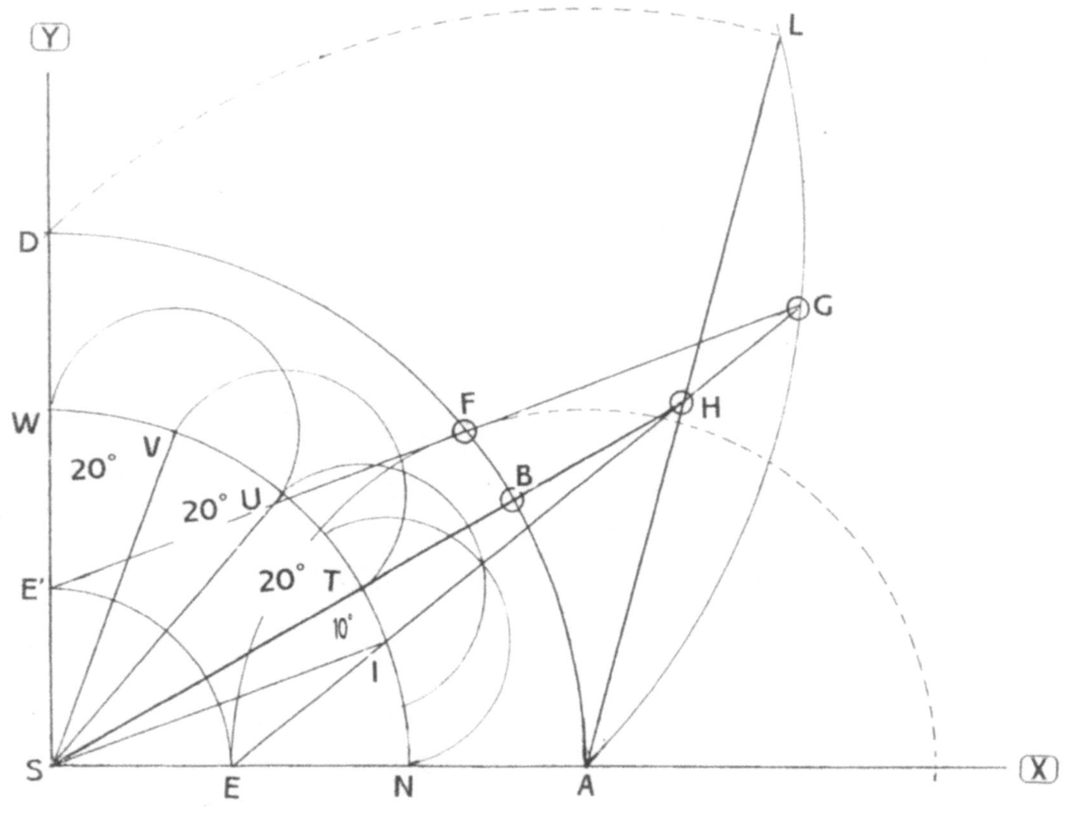

WINKEL MIT 4 TEILEN DRITTELN

Die in Bild 2 mit Markierungskreisen hervor=
gehobenen 4 Teile sind die Zentriwinkel mit
den Bögen $\overset{\frown}{ZaZe}$, $\overset{\frown}{ZeZf}$, $\overset{\frown}{ZfZg}$ und $\overset{\frown}{ZgZd}$. Sie sind
jeweils 1/4 des $60°$ Bogens $\overset{\frown}{ZaZd}$. Jeder Teil=
winkel hat also $15°$. Bild 1 zeigt das Ergebnis
der Konstruktion. "P" ist der Scheitelpunkt
des Periferiewinkels. Die 3 Bogenteile Pa—Pd
haben einen Winkel von je $10°$. Mit "Z" ist der
Scheitelpunkt des $60°$ Zentriwinkels bezeichnet.
Die Bogenteile Za—Zd haben jeweils $20°$.

Mit den beiden Parallelen $\overline{AZd}$ und $\overline{BZg}$ in den
Bildern 2 und 3 wird der Schnittpunkt "Gd" be=
stimmt. Der gemeinsame Punkt Gd entsteht durch
2 Peilungen. ($\overline{PGd}$ über Zd und $\overline{ZGd}$ über Zg)
Die Zahlen auf dieser Seite sind Nummern (Bild
1—4); Winkelgrade; Irrationalzahlen ($\sqrt{0{,}5}$; $\sqrt{0{,}75}$)
oder Verhältnisse zum Einheitskreis 1 (Radius
$\overline{PZ} = \overline{ZZa}$).– Die Länge der Parallele (Bild 2) $\overline{AZd}$
ist $\sqrt{3/4} \approx 0{,}8660254$. Die Parallele $\overline{BZg}$ ist
$\sqrt{1/2} \approx 0{,}7071067$ lang. $\overline{ZB} = \overline{BZg}$; $\overline{ZA} = 1/2 = \overline{AD}$

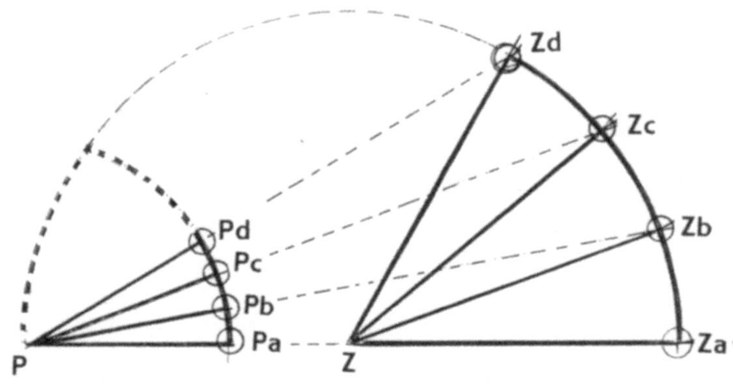

Bild 1

Das Viereck mit den Eckpunkten Zd, D, Zg und C
in Bild 3 ist der Parallelbereich, mit dem die
Strecke $\overline{ZgGd}$ berechnet werden kann. Dafür müssen
die Längen beider Parallelabschnitte $\overline{DZd}$, $\overline{ZgC}$ &
die Strecke $\overline{DZg}$ zwischen den Parallelen berechnet
werden. $\overline{AZd} - \overline{AD} = \overline{DZd} \approx 0{,}3660254$.
$(\overline{PB} \cdot \overline{AZd}) : \overline{PA} = \overline{BC} \approx 0{,}9855985$
$0{,}9855985 - 0{,}7071067 \approx 0{,}2784918$ ($\approx \overline{ZgC}$)
$\overline{DZg} = (\overline{AB} \cdot \overline{ZD}) : \overline{ZA} \approx 0{,}292893$, $\overline{AB} \approx 0{,}2071067$

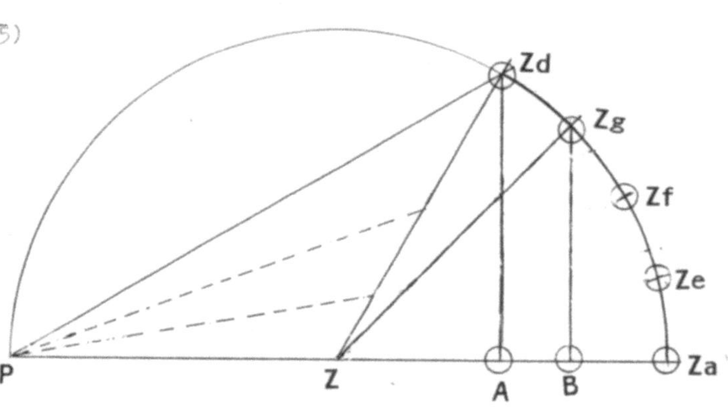

Bild 2

Der pythagoräische Lehrsatz ist in Bild 2
Grundlage der Berechnungen .Für die Bilder
3 &4 sind es die Strahlensätze. Die Potenz=
punkte Ga bis Gd belegen mit ihrem gleichen
Abstand zu einander und ihrem gleichen
Sekantenverhältnis von 4:3 zum Einheits=
kreis die Gleichheit der Winkel $\overset{\frown}{ZaZb}$,
$\overset{\frown}{ZbZc}$ und $\overset{\frown}{ZcZd}$.

$\overset{\frown}{GaGb} = 15° \cdot 4/3 = 20° = \overset{\frown}{ZaZb}$
$\overset{\frown}{GbGc} = 15° \cdot 4/3 = 20° = \overset{\frown}{ZbZc}$
$\overset{\frown}{GcGd} = 15° \cdot 4/3 = 20° = \overset{\frown}{ZcZd}$

$\overset{\frown}{GaGd} = 45°$;

$45° \cdot 4/3 = 60° = \overset{\frown}{ZaZd}$

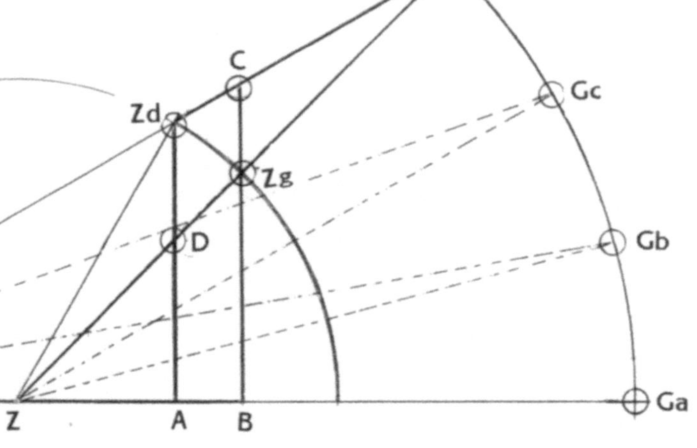

Bild 3

Mit dem Ausschnitt von Bild 3,der die oberen
Parallelabschnitte enthält, zeigt Bild 4 die
Streckenverhältnisse und den Rechenweg für die
Strecke $\overline{ZgGd}$. $\overline{DE} : \overline{EZd} = \overline{DZg} : \overline{ZgGd}$ folglich ist
$(\overline{EZd} \cdot \overline{DZg}) : \overline{DE} \approx 0{,}9318513 \approx \overline{ZgGd}$

Die Potenz der Punkte Ga Bis Gd ist $\overline{PZa} \cdot \overline{ZaGd}$, also 2 mal
$0{,}9318513 \approx 1{,}8637026$. Damit ist die Tangente jedes
Potenzpunktes $\approx 1{,}3651749$ lang. Weil diese Zahlen
nur Verhältnisse zu 1 sind, fehlen hier die Einheits=
bezeichnungen (km, m,cm, mm...) Das Näherungssymbol $\approx$
wird verwendet, weil an den Berechnungen Irrational=
zahlen beteiligt sind. Diese sind nicht absolut dar=
stellbar. Die Konstruktionen sind aber keine Näherungen!

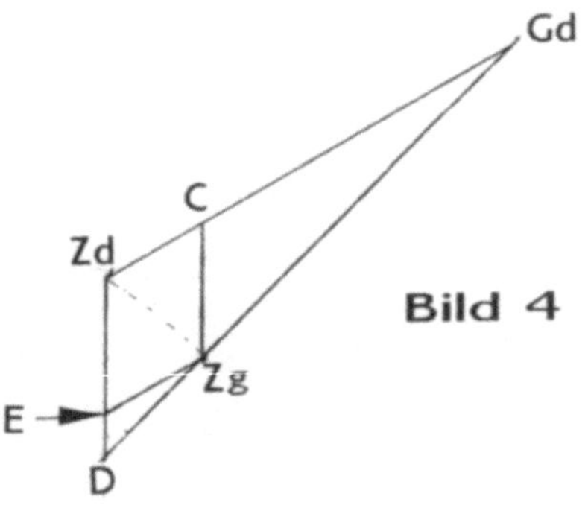

Bild 4

AUFBAU & ERKLÄRUNG

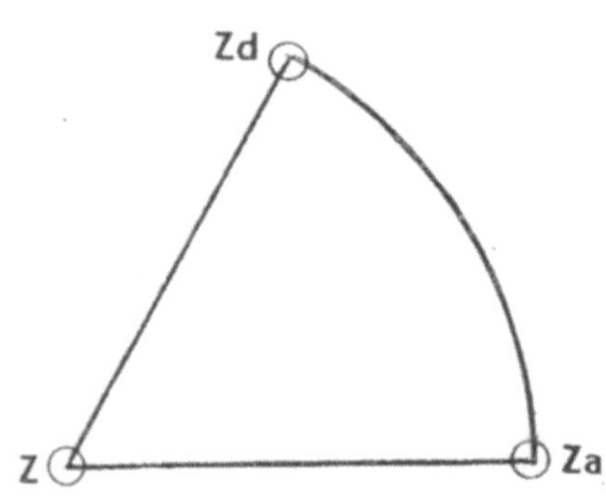

Bild 5

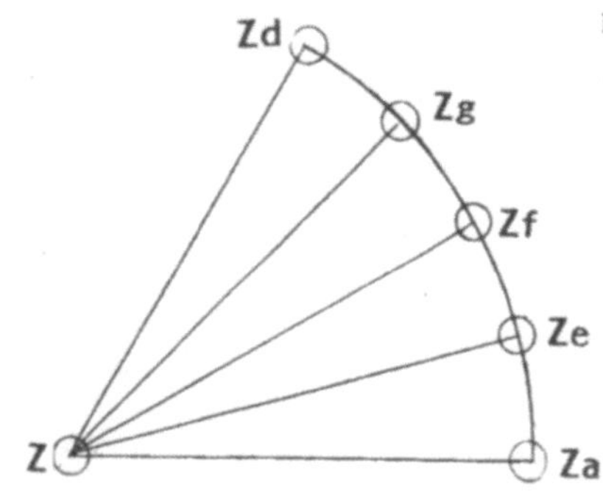

Bild 6

Halbiert wird der Bogen $\widehat{ZaZd}$, indem mit einem Zirkel ein Bogen um Za und einer um Zd konstruiert wird. Der gemeinsame Radius ist so zu wählen, daß sich beide Bogen im Winkel überschneiden. Wird dieser Schnittpunkt mit Z geradlinig verbunden, entsteht am Bogen $\widehat{ZaZd}$ der Punkt Zf.

Halbiert man die Hälften $\widehat{ZaZf}$ und $\widehat{ZfZd}$, so haben die 5 Punkte Za,Ze,Zf,Zg und Zd den gleichen Abstand zu einander. Damit ist der Bogen $\widehat{ZaZd}$ geviertelt.

Soll ein Winkel in gleiche Teile geteilt werden, so müssen die Teilungspunkte gleichen Abstand zum Scheitelpunkt und gleichen Abstand zu einander haben. Für den Scheitelpunkt Z" sind die Abstandspunkte Elemente des Bogens $\widehat{ZaZd}$

In Bild 7 ist der ganze Einheits= kreis mit dem Durchmesser $\overline{+Zg,Zg-}$ und der Sehne $\overline{PZd}$ dargestellt. Beide Strecken über den Kreis hinaus zu Geraden verlängert, schneiden sich am Punkt Gd.Linien, die den Kreis schneiden heißen Sekante.Der Punkt, der beiden Se= kanten gemeinsam ist, wird Potenz zum Kreis genannt. Das Produkt aus einer Sekante (z.B. $\overline{-ZgGd}$) mit dem Abstand des Schnittpunktes von 2 Sekanten zum Kreis($\overline{+ZgGd}$), ist ein Flächeninhalt, der bei allen mög= lichen Sekanten zu diesem Punkt den gleichen Betrag hat. Eine Tangente von diesem Punkt zum Kreis hat die Länge $\sqrt{\text{Potenz}}$.

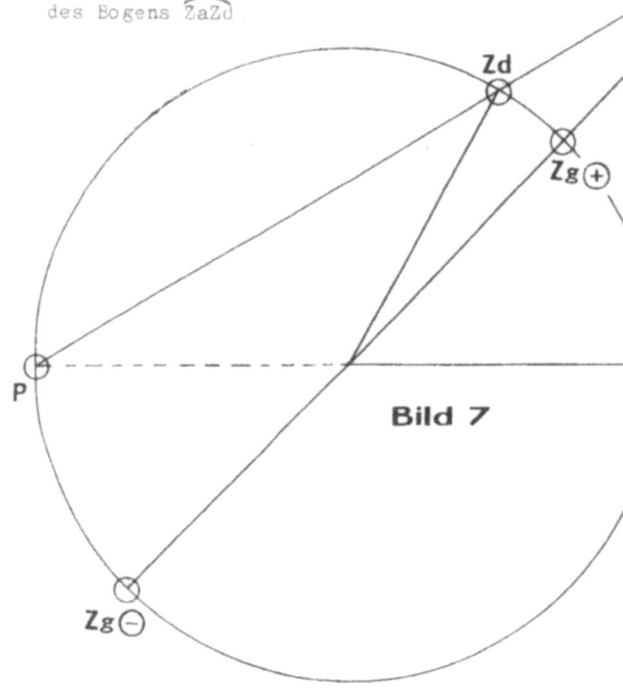

Bild 7

Der Punkt Gd hat also die Potenz $\overline{+ZgGd} \cdot \overline{-ZgGd} = \overline{PGd} \cdot \overline{ZdGd}...$ Alle Punkte des Kreisumfanges mit dem Radius $\overline{ZGd}$ haben zum Einheitskreis die gleiche Potenz. Bezogen auf die er= wähnten Potenzpunkte sind alle Sekante die durch den Kreismittelpunkt führen,mit ihren beiden Strecken jeweils absolut gleich. Verhältnisgleich sind die Sekante, deren Sehnen nicht durch den Kreismittelpunkt führen. Die Se= kanten, deren Kreisanteil der Durchmesser ist, deren Strecken sind vom Mittelpunkt Z aus betrachtet Radien.

In Bild 8 sind dies die Radien des Einheits= kreises und die des Potenzpunktekreises mit gleichen Winkeln. $45° = Z\ \widehat{ZaZg}$ und $Z\ \widehat{GaGd}$

$$30° = Z\ \widehat{ZaZf} \text{ und } Z\ \widehat{GaGc}$$
$$15° = Z\ \widehat{ZaZe} \text{ und } Z\ \widehat{GaGb}$$

Das Verhältnis 4/3 vom 60°-Gesamtwinkel zum 45°-Winkel ist deshalb bei jedem Drittel des 45°-Winkels gleich, weil ihr Mittelpunktswinkel gleich groß ist und ihr Potenzpunkt jeweils den selben Betrag hat.

Weil 3/4 von 60° 45° ergibt, ist 4/3 von 45°=60° und

$$4/3 \text{ von } 30°=40° \text{ und}$$
$$4/3 \text{ von } 15°=20°.$$

Die Übertragung auf den Ein= heitskreis erfolgt über die Verhältnissekanten.Diese sind: $\overline{GdZdP};\overline{GcZcP}$ und $\overline{GbZbP}$.

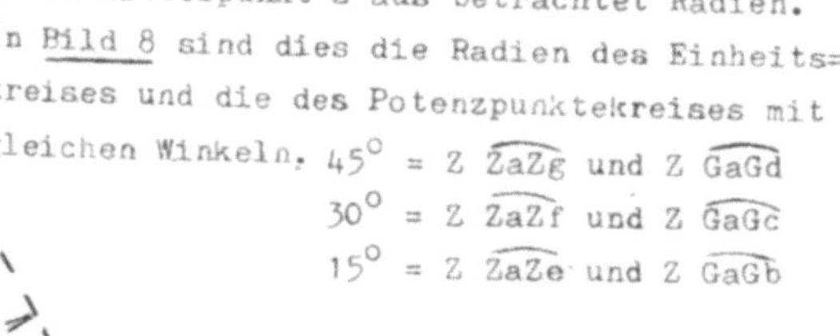

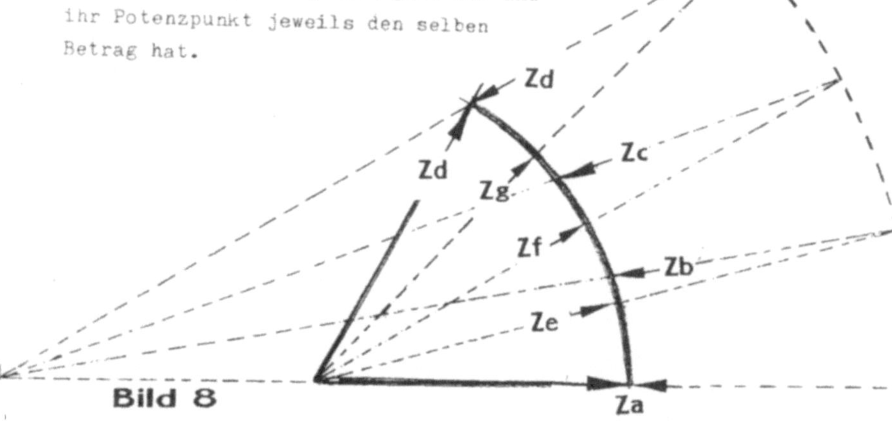

Bild 8

SEKANTE & TANGENTE
erklären eine Winkelteilung

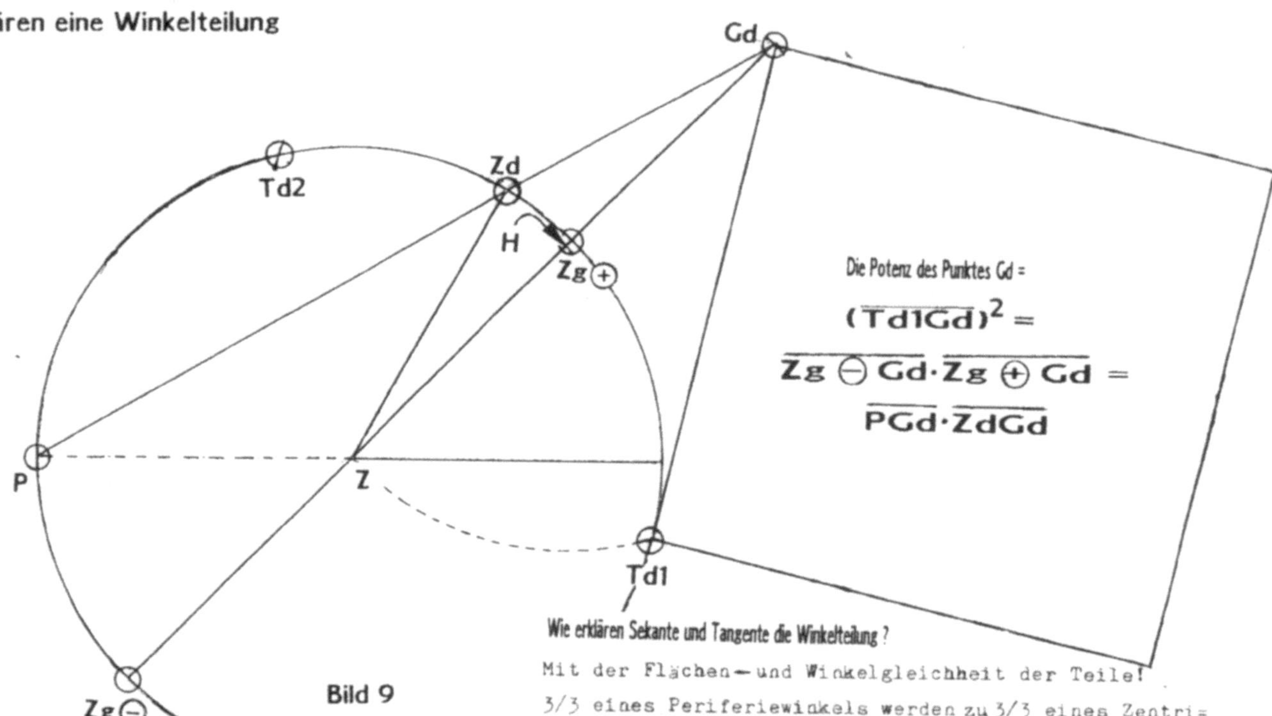

Von einem Punkt außerhalb eines Kreises
können zwei Tangente an diesen Kreis gelegt
werden (Td1 & Td2). Die halbe Strecke, von
diesem Punkt (Gd) und dem Kreismittelpunkt(Z)
dient als Radius (ZH=HGd), um mit einem Kreis=
bogen (der um Punkt H rotiert)die beiden Tan=
gentenpunkte am Einheitskreis zu bestimmen.

Alle Punkte außerhalb des Einheitskreises,
die den selben Abstand zum Mittelpunkt (Z)
haben, haben auch gleich lange Tangenten (Ga,
Gb,Gc,Gd). Quadrate dieser Tangenten sind also
flächengleich. Sekante sind gerade Linien, die
von den oben erwähnten Punkten ausgehen und
den Kreis schneiden.Sie haben, mit der Ab=
standsstrecke zum Kreis multipliziert, den
selben Flächeninhalt wie die Tangentenquadrate
dieser Punkte. Weil Punkte außerhalb des Krei=
ses mit geraden Linien wie Sekante und Tangente
stets gleiche Flächeninhalte haben,wird diese
Eigenschaft auch "Potenz eines Punktes zum
Kreis" genannt. Zwei Sekante, die sich außer=
halb eines Kreises schneiden, erzeugen dort
einen Potenzpunkt.

Wie erklären Sekante und Tangente die Winkelteilung ?

Mit der Flächen—und Winkelgleichheit der Teile!
3/3 eines Periferiewinkels werden zu 3/3 eines Zentri=
winkels mit einer Sehne verbunden (Bild1). Ein um 1/4
kleinerer Zentriwinkel wird so weit mit seinem oberen
Schenkel verlängert, bis er den oberen verlängerten
Schenkel des Periferiewinkels schneidet.Dieser gemein=
same Schnittpunkt (Gd) ist der Potenzpunkt, der den
Radius für die Teilungen festlegt.Die 3 gemeinsamen
Teilpunkte des kleineren Zentriwinkels (mit Punkt P
durch je eine Sekante verbunden) bestimmen am Einheits=
kreis die Drittelungspunkte des größeren Zentriwinkels.

Für die Bilder 1 bis 10 ist immer der gleiche Ausgangs=
winkel verwendet. Stets den gleichen Winkel zu teilen
hat den Vorteil, daß das Teilungsprinzip klarer erkenn=
bar ist. Weil der 60° Winkel sich zum Berechnen beson=
ders gut eignet, ist er Grundlage dieser Übersicht.

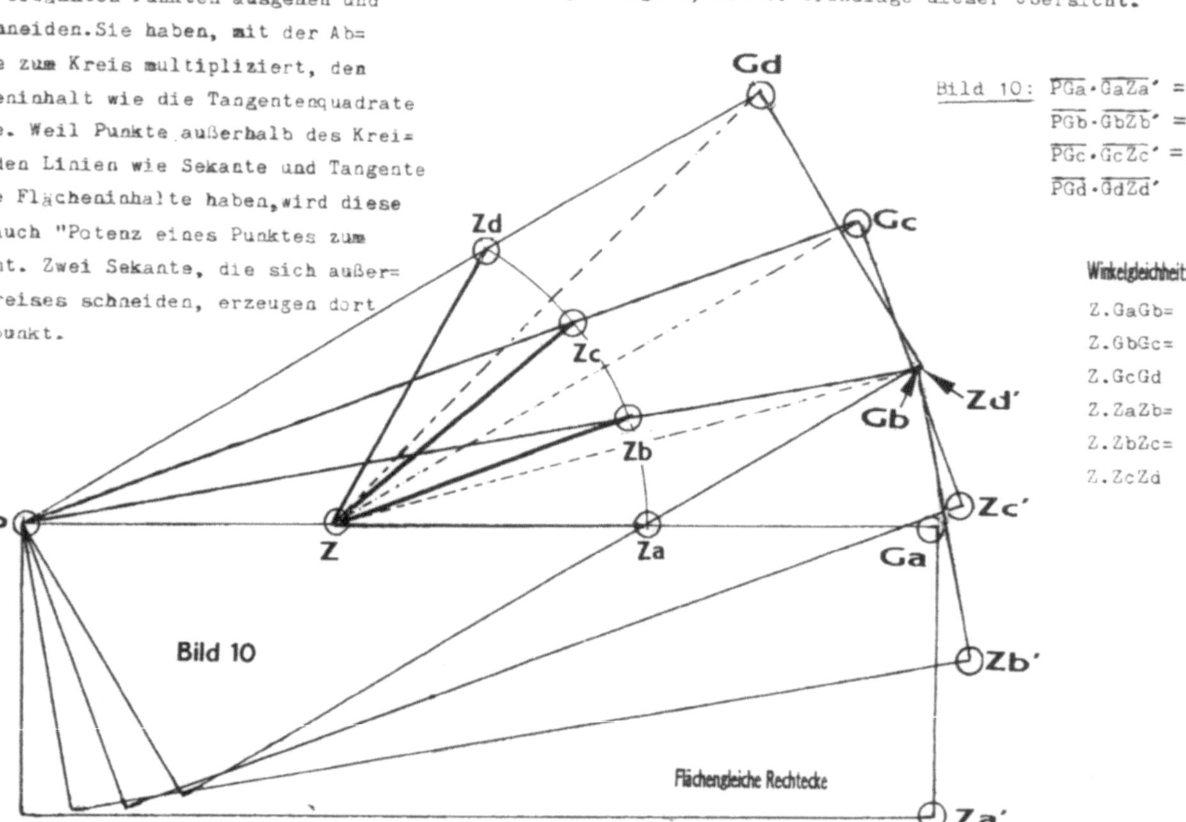

Soll mit einem größeren zusammengesetzten Winkel
ein kleinerer geteilt werden, ist es auch mit dieser
4. Variante möglich.

Der mit drei 15-Gradwinkeln zusammengesetzte 45-Gradwinkel
überträgt die Eigenschaft "Teilwinkelgleichheit" auf den
30-Gradwinkel.

Die oberen Schenkelstrahlen bilden einen Schnittpunkt,
der am 45-Gradwinkel den Radius des Bogens bestimmt,
an dem die 15-Gradteile mit der Spitze des 30-Gradwinkels
verbunden dessen Teilungsstrahlen definieren.

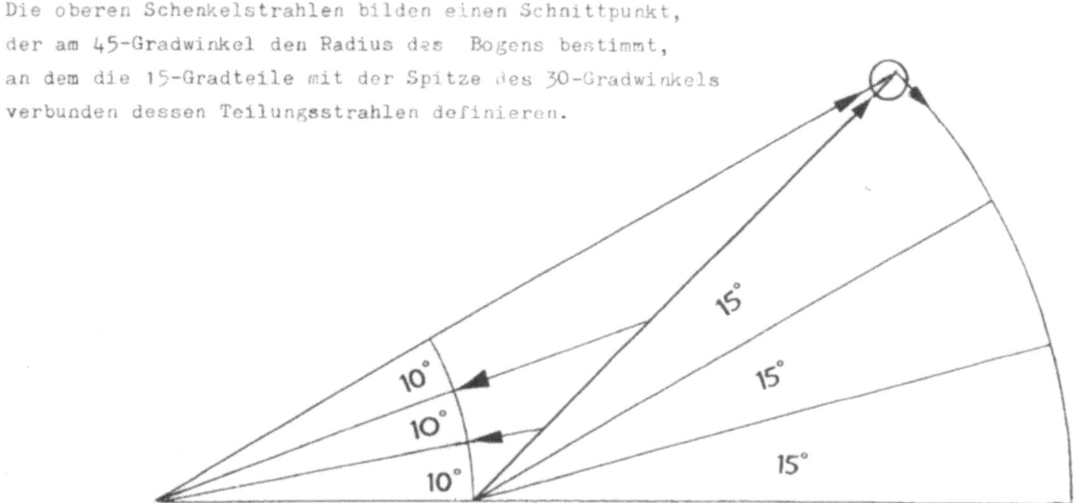

Transformation bedeutet Umformung und Umbildung.
Es ist also der richtige Begriff für meine Winkelteilung.
(Aus Deutsches Wörterbuch Sonderausgabe für die Reichenbach
Verlag GmbH , München)

EIGENSCHAFTEN DER WINKELTEILUNG

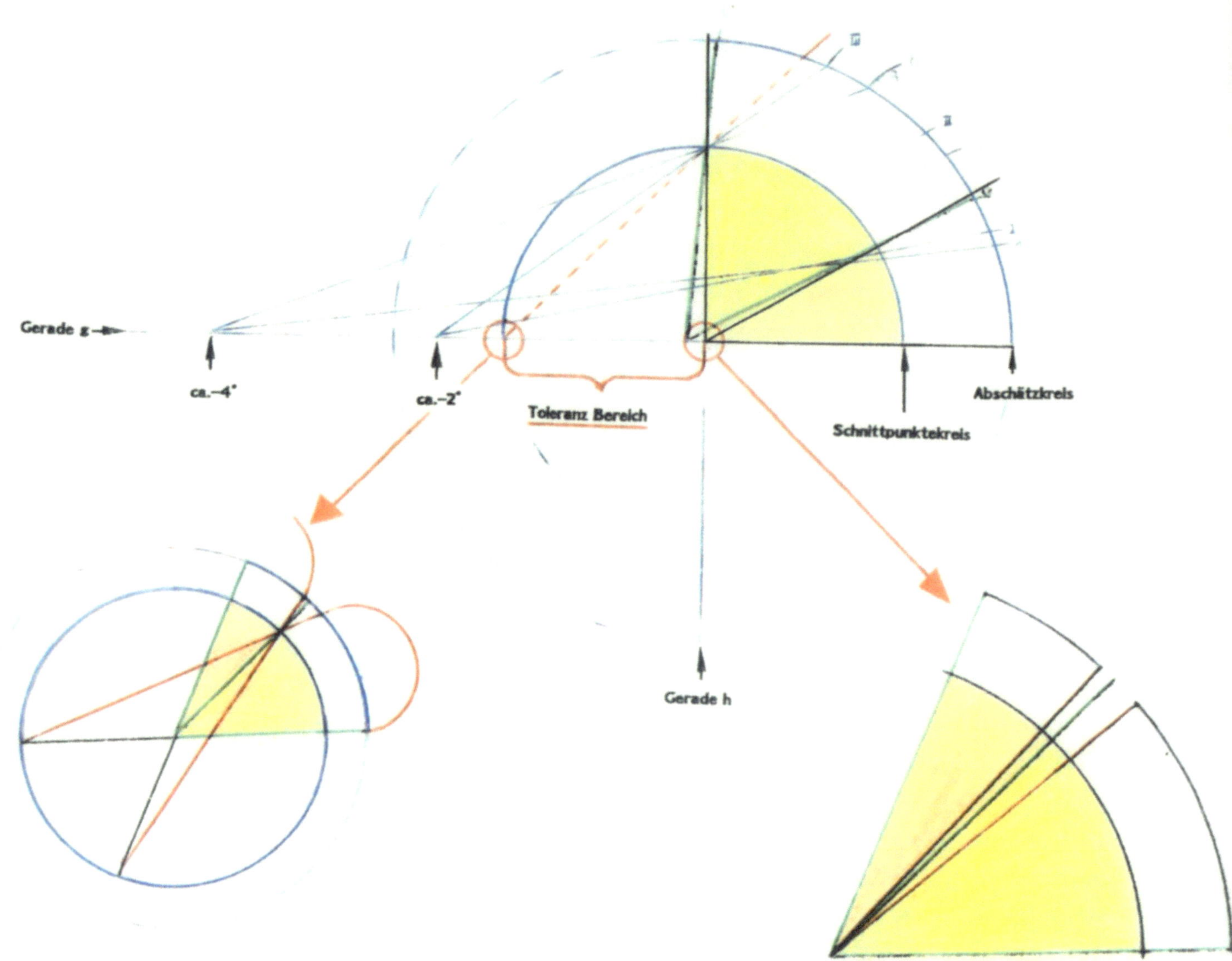

Der Endpunkt der letzten Teilungsstrecke auf dem Abschätzkreis ergibt
mit einer Vermittlungslinie über den Schnittpunkt von der Geraden "h"
mit dem Schnittpunktekreis verlängert, einen Schnittpunkt mit der Geraden"g".

Wird dieser Punkt mit den Schätzstreckenmarkierungen am Abschätzkreis
verbunden, entstehen am Schnittpunktekreis genau gleiche Winkel,-
wenn die Schätzstrecken so gewählt wurden, daß sich der Vermittlungspunkt
auf der Geraden "g" innerhalb des Toleranzbereiches befindet.

Bei diesem Verfahren beginnt die Abschätzung auf der Geraden "g".
Der Vermittlungspunkt ist auf der gleichen Geraden hinter der Winkelspitze.
Bei einer anderen Methode die exakten Teilungspunkte zu finden, ist ein
Schnittpunktekreis überflüssig, weil je 2 Vermittlungslinien die
Teilungsschnittpunkte bilden.Dabei werden auf dem Abschätzkreis die
Schätzstrecken von beiden Seiten(Winkelgrenzlinien) her jeweils zur
Anderen hin abgetragen. Die beiden Vermittlungsausgangspunkte werden
willkürlich festgelegt. Für beide Winkelgrenzgeraden gleich weit von
der Winkelspitze entfernt. Auch für diese Konstruktion gilt, daß der
Abstand von der Winkelspitze zu den Teilungsschnittpunkten den
Toleranzbereich bestimmt.

Toleranzbereich für die Ausgangspunkte der Vermittlungslinien

In der oberen Zeichnung ist zu sehen, daß der Vermittlungsbereich zwischen
Winkelspitze und Schnittpunktekreis ist. Die Winkelspitze eignet sich
nicht zur Konstruktion, weil sie keinen Schnittpunkt im Winkel erzeugt.
(rechter roter Pfeil)Der Schnittpunktekreis kann nur zufällig getroffen
werden, hat aber ein korrektes Ergebnis.(linker roter Pfeil)
Die beiden Bereichsüberschreitungen treffen den Schnittpunktekreis
mit 2° und 4° Abweichung (blaue Vermittlungslinien).

Grenzbereich der Konstruktion
bei Winkelteilungen

Im Bild auf Seite 2 sind drei Teilungen gezeigt.
Der schwarze rechte Winkel wird von der grünen
Einteilung korrekt geteilt.

Am äusseren Kreis werden geschätzte Strecken
ab dem Schenkel, der zur
Geraden g verlängert ist, in Richtung des zweiten
Schenkels abgetragen.

Der Schnittpunktekreis legt die Toleranz fest und
bestimmt mit den letzten
Punkten der geschätzten Strecken mit einer
Geraden verlängert einen
Vermittlungspunkt (Referenzpunkt) auf der
Geraden g .

Die Toleranz ist im Bild mit roter geschweifter
Klammer unter Gerader g
gezeichnet. Mit roter gestrichelter Linie ist sie auf
den Abschätzkreis übertragen.

Die Toleranz ist bei allen Teilungen zu beachten!
(Übersicht Seite 4)

Im Bild (Seite 2) zeige ich mit blauen Einteilungen
Konstruktionen,
die Abweichungen zeigen,weil die Toleranz nicht
eingehalten wurde.

I ,II ,III hat ca. -2° Abweichung
1, 2 ,3 , hat ca.-4° Abweichung.

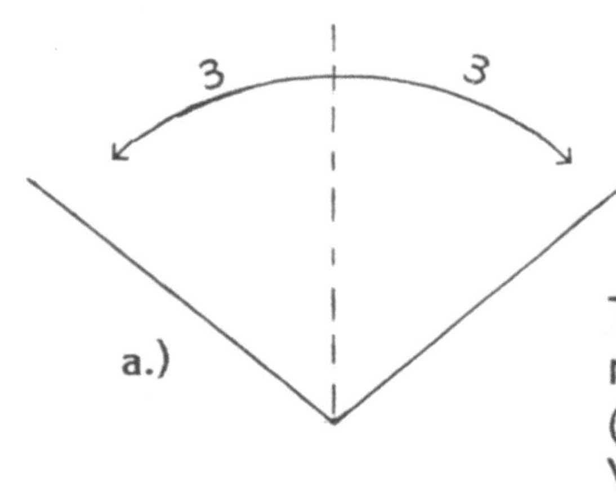

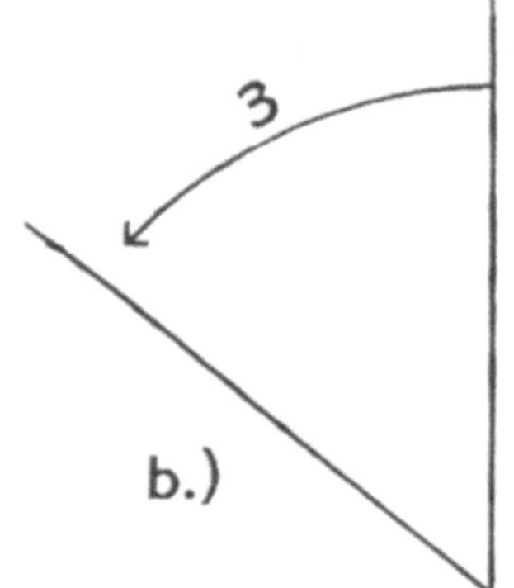

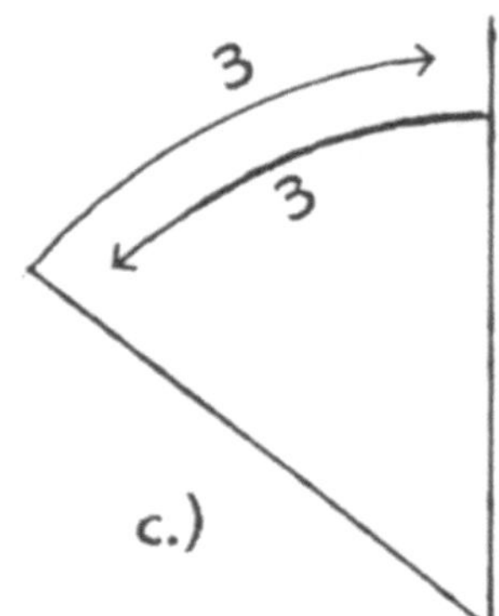

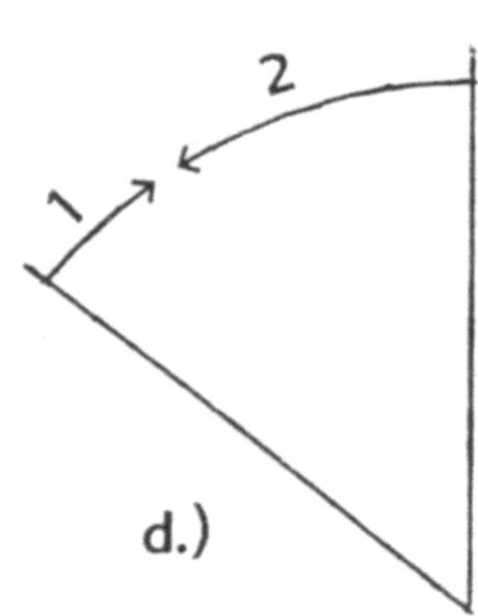

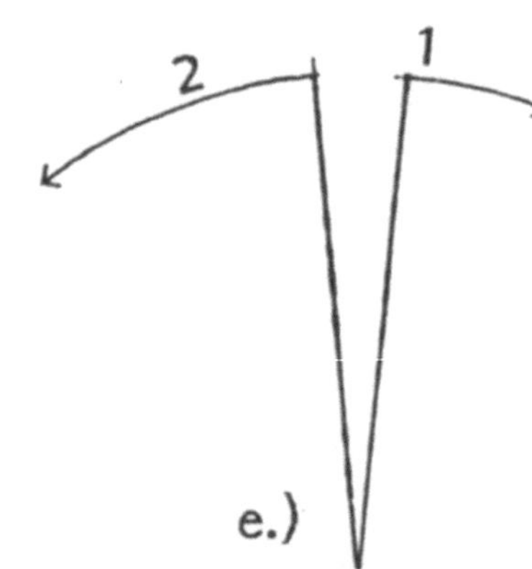

Teilungsmethoden von Winkeln nach Schatz.
(Für diese Übersicht sind nur die Varianten
der Einteilung am Abschätzkreis gezeichnet.)

a.) Verdopplung und Halbierung
   mit Schnittpunktekreis
(Toleranzbereich)

b.) Unsymetrische Teilung
   mit Schnittpunktekreis
(Toleranzbereich)
   auf einen Schenkel bezogen.

c.) Symetrische Teilung
   mit Schnittpunktekreis
(Toleranzbereich)
   auf beide Schenkel bezogen.

d.) Unsymetrische Teilung auf
   beide Schenkel bezogen.
   Ohne Schnittpunktekreis
   (Der Schnittpunkt entsteht im Winkel
   durch die Referenzgeraden)

e). Unsymetrische Teilung sehr spitzer Winkel
   Die Teilungskonstruktion wird ausserhalb
   des Winkels gezeichnet.

Auf den folgenden zwei Seiten ist eine
Winkelteilung in
Bildern erklärt.

Bilder I bis IV zeigen den
Konstruktionsaufbau.
Bilder V bis VII zeigen eine
Aneinanderfügung von
Winkeln.

Diese Konstruktionen beziehen sich auf nur
einen Winkelschenkel
(Beschreibung Seite 4 b.)

Bei dieser Methode ist Punkt S`
zeichnerisch schwer genau zu
bestimmen.
Aus diesem Grund bevorzuge ich ein
Vorgehen wie der Überblick
auf Seite 4 Punkt d.)
gezeigt ist und ab Seite 12 näher
beschrieben wird.

Wichtig ist dabei, dass die Toleranz nicht
überschritten wird !

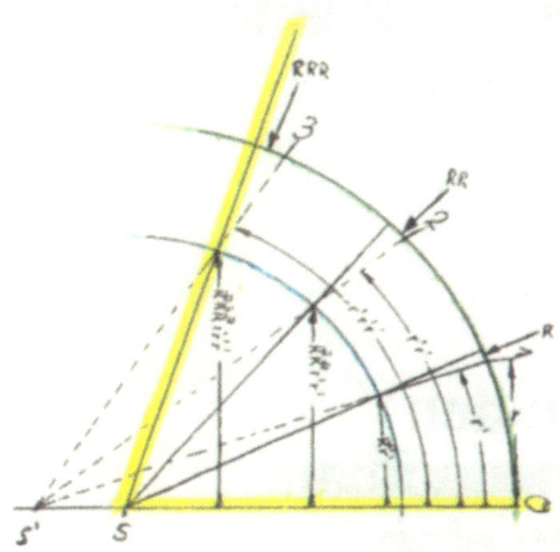

Bild I:
Winkel (Gelb) mit 2 Kreisbögen begrenzen (Grün und Blau)

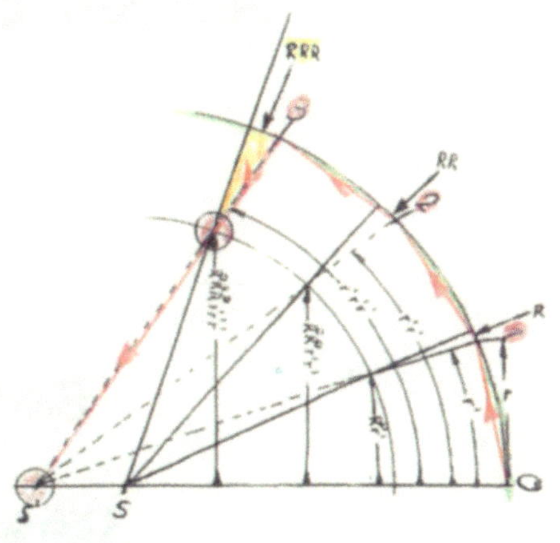

Bild II:
Grünen Kreisbogen teilen (1r,2r und 3r)
Rest (RRR) beseitigen (Rote Passungslinie)
Passungslinie bis O-Linie (S) verlängern.

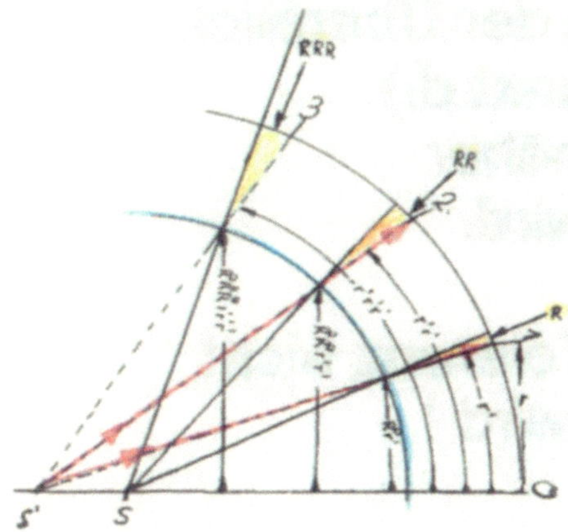

Bild III:
S'mit r1 und S'mit r2 verbinden (Rot)
Schnittpunkte mit blauem Kreisbogen = Teilung

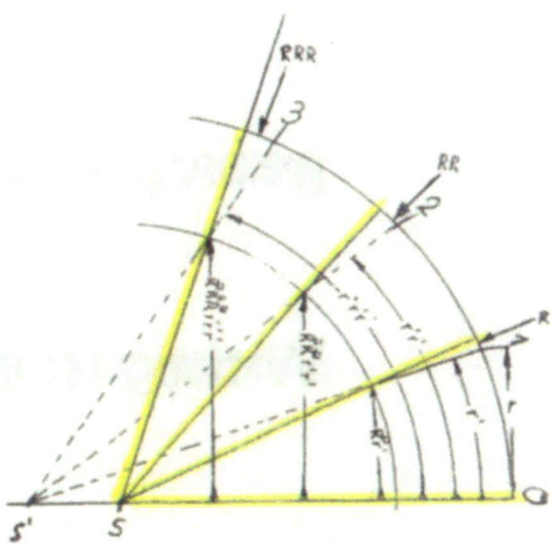

Bild IV:
Teilung mit S verbinden.
Der Winkel ist gedrittelt.

Die vier Bilder sind keine Präzisionszeichnungen.
Sie sollen nur den Teilungsvorgang veranschaulichen.

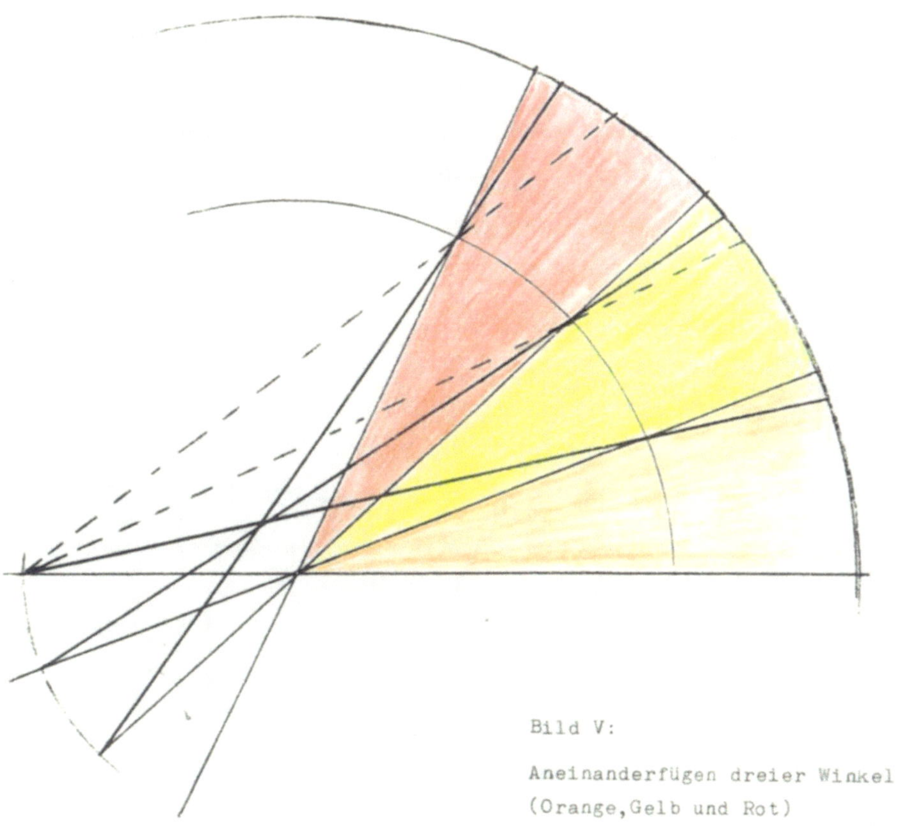

Bild V:

Aneinanderfügen dreier Winkel

(Orange,Gelb und Rot)

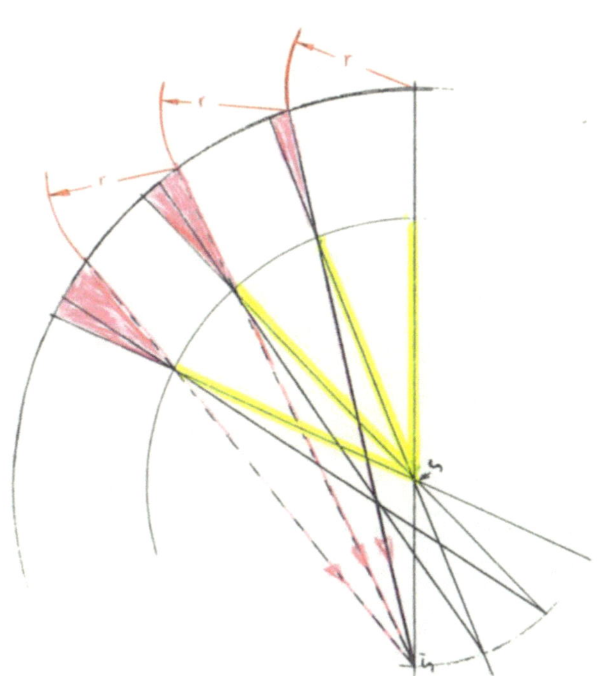

Bild VII:

Alle drei Winkel als einer betrachtet.

Kleinere Winkel werden aneinander gefügt.

(r)

Bild VI:

Überlagerung jeden Winkels mit einem Kleineren.

(r)

Monika Schatz nach Anleitung Horst Harald Schatz, sitzt neben mir
am 27.10.2004 = 1900

Mit etwas dickerem Schreibmaterial
da seine extrem dünnen Bleistiftstriche
nicht kopierfähig sind bislang für uns.
ich bin seit langem ungeübt im geometrischen Zeichnen
und brauche Schilfe wobei meine Augen
eine sogenannte Di/Kommafehler haben
und die Brennweite zusätzlich unterschiedlich ist
einstellen.

(wird man nichts gewußten weil man
M: schlechtes st amit gezeren werden kann?)

Abtragen mit dem Zirkel ausgehend von der 2. Winkelhalbierenden
(auf dem 2. Projektionsbezugskreis teilin einer der beiden Winkelhälften
wird dieser Vorgang in beiden Winkelhälften durchgeführt so ist hier die wirtl... nach zeichn gleiche Kreisbogenteilstrecken... Projektionsbezugskreis

2. Winkeldrittelung
-slinie

Winkelhalbierende

2. Winkeldrittelung

½ + ½
zusammen
3

1   1

zu sammen

Winkel halbieren

Kreisbogen schlagen zum Winkelhalbieren

1. Kreisbogen schlagen zum Winkel halbieren

2. Kreisbogen schlagen zum Winkel halbieren

1. Projektions...

KreisParalelle treffen sich nicht
in der Unendlichkeit sondern
behalten ihren Abstand bei!
Wenn sie den gleichen gemeinsamen
Mittelpunkt haben M.S.   identisch gleich. H.

+ + - = 0   (oder wie heißt alles Mathematische Regelzeremie?)
- + + = 0

Wenn dies nach 3 gleichen Abtragungen
bestehen bleibt...Projektionsbezugskreis...
Rest...Projektionsbezugskreis...
nichts aus macht so haben praktisch verschwindet im Ergebnis

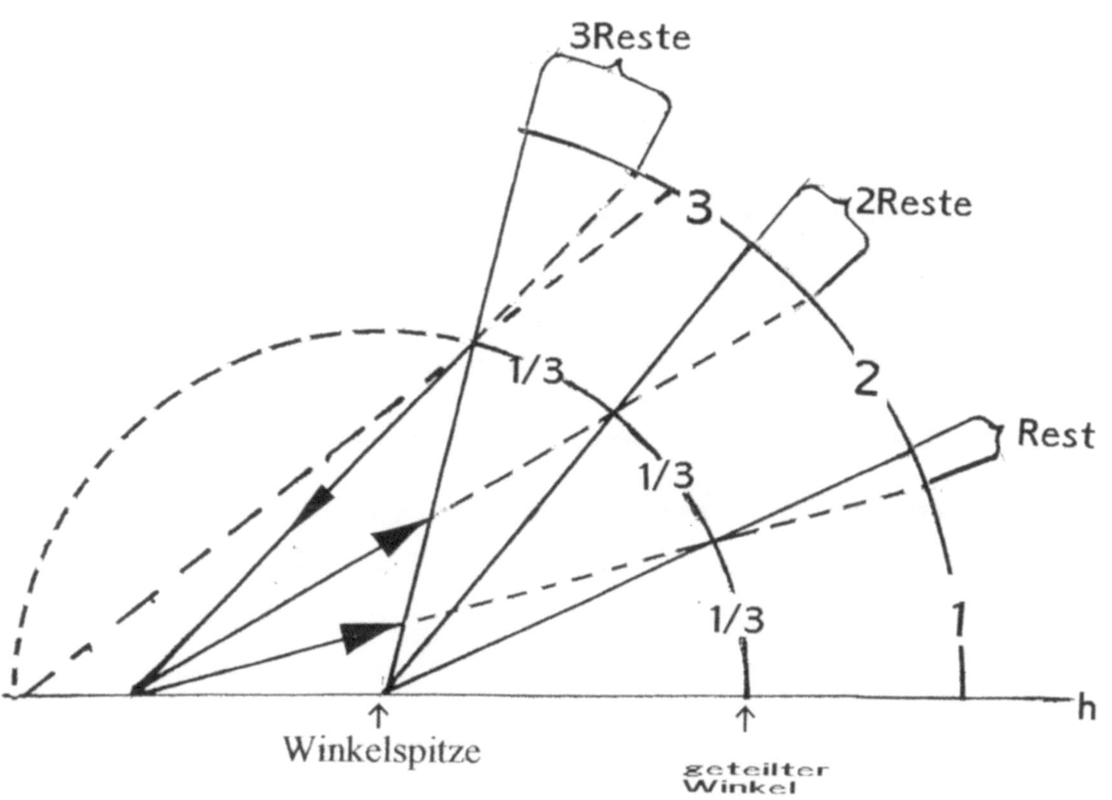

g
Rest
Restbeseitigungs-
punkt
Schätz-
strecke 3
Schätz-
strecke 2
Schätz-
strecke 1
zu
teilender
Winkel
h
Vermittlungs-
punkt
Abschätz Kreisbogen
Toleranzbereich
3Reste
2Reste
3
2
Rest
1/3
1/3
1/3
1
h
Winkelspitze
geteilter
Winkel

Aufgabe: Der blaue Winkel ist in drei Teile zu teilen.

1.) Was funktioniert sicher?   Die Halbierung.

   Also habe ich den Winkel halbiert (rot)

   Dann habe ich ihn mit dem grünen Kreisabschnitt nach oben begrenzt.

2.)Wie kann ich aus einer Halbierung eine Drittelung machen?

   Durch Verdoppelung.   **2 mal 3 = 6**

   Jetzt habe ich von der roten Halbierenden rechts und links

   je 3 gleiche Strecken auf dem grünen Kreisabschnitt abgetragen,

   so dass jeweils außen eine Lücke blieb.

3.) Wie kann ich beide Lücken beseitigen?

   Hierzu habe ich zwischen grünem Kreisabschnitt und Winkelspitze

   einen weiteren Kreisabschnitt gezogen.

   Den (rechts grün eingekreisten) Endpunkt der Teilabschnitte verband

   ich mit dem neuen Kreisabschnitt am (grau eingekreisten) Schnittpunkt

   mit der blauen Winkellinie.

   Diese Verbindung habe ich so weit verlängert, bis sie sich mit der (roten)

   Winkelhalbierenden schnitt (brauner Kreis)

   Vom gefundenen (braunen) Punkt werden zum grünen Kreisabschnitt

   Zu jedem abgetragenen Teilpunkt Linien   gezogen.

   Am inneren Kreisabschnitt wird die Teilung vollzögen.

   Für jedes Teil werden zwei Abschnitte benötigt, weil ich vorher
verdoppelte.

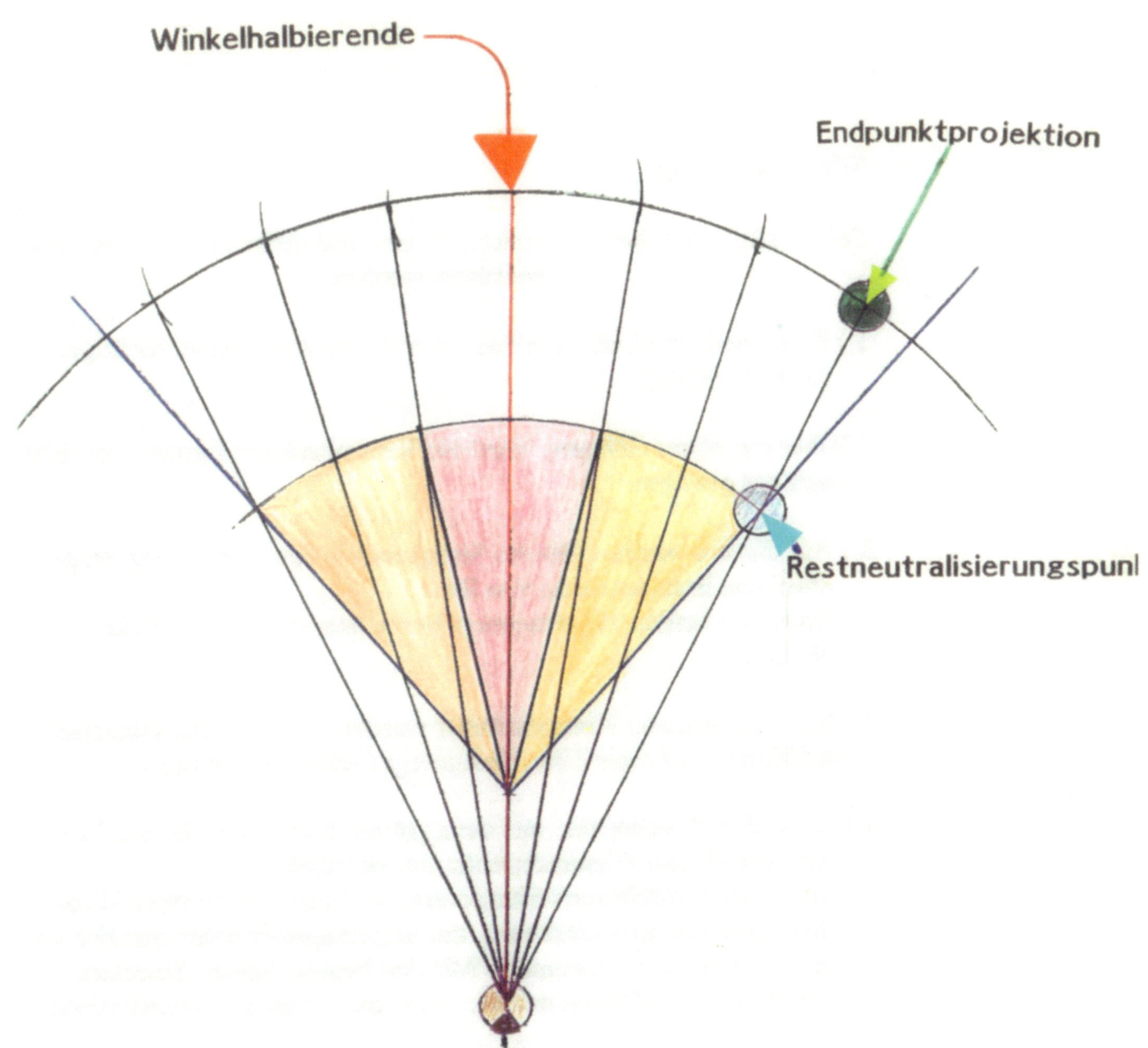

Winkelhalbierende
Endpunktprojektion
Restneutralisierungspunkt
Vermittlungspunkt

Winkeldrittelung

Der Winkel zwischen der dicken blauen und dicken roten Linie soll
gedrittelt werden.

1.) Blaue und rote Linie werden über die Spitze hinaus verlängert
(dünne Linien)

2.) Über die obere Öffnung wird ein Kreisabschnitt (grün) von blau
nach rot gezogen

3.) Auf diesem werden gleiche Strecken mit dem Zirkel abgetragen.
Zwei von Blau und eine von Rot.
Zwischen beiden abgetragenen Bereichen muss eine Lücke
Bleiben.

4.) Mit dem braunen Kreisabschnitt werden zwei gleiche Abstände
auf blauer und roter Linie festgelegt.(dünn gezeichnet)

5.) Zu beiden Abschnitten auf dem grünen Kreis wird je eine Linie
vom jeweiligem Abstandspunkt aus gezogen.
(von roter Seitenlinienverlängerung und deren Schnittpunkt mit
dem braunen Kreisabschnitt zur abgetragenen roten Strecke auf
dem grünen Kreisabschnitt.- Mit den beiden blauen Strecken
wird ebenso verfahren nur hier vom blau/braunen Schnittpunkt
aus.)

6.) Der Punkt, au dem sich diese Linien überschneiden,
wird mit der Winkelspitze verbunden.

7.) Diese Verbindungslinie ist die Teilungslinie.
(schwarz gezeichnet)

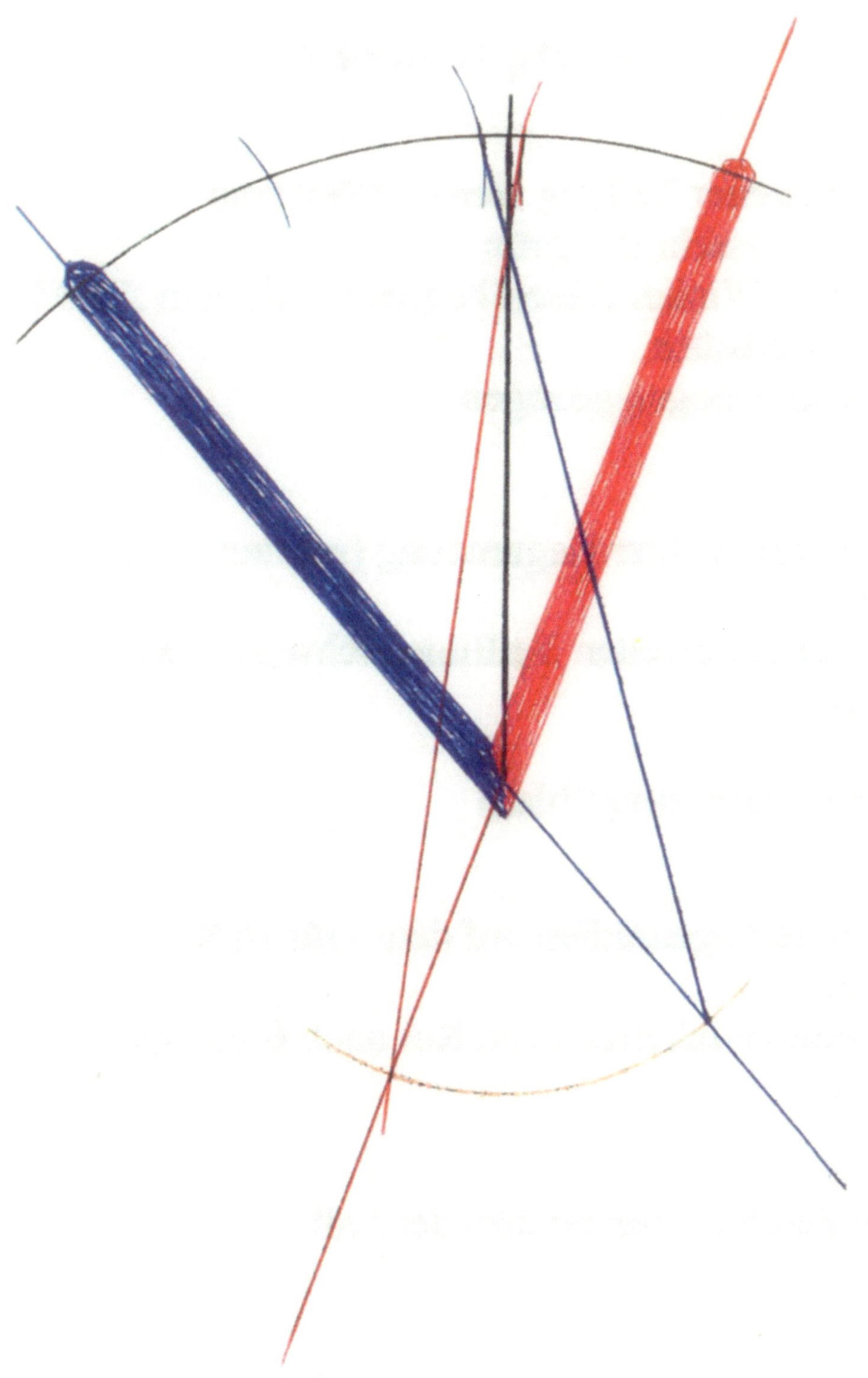

Radialer Nachweis

Für gleiche Teilwinkel

Nach vollzogener Teilung werden über dem
Teilugskreisausschnitt (grün),
der über dem Winkel diesen begrenzt, mit dem Zirkel
über jedes Teilstück
radial ein Kreisbogen gezogen.

Und zwar von rechter Begrenzung (rot) zur ersten
Teillinie (schwarz)
Dann weiter zur zweiten Teillinie (schwarz) und
schließlich

Zur linken Begrenzung (blau)

Sind die Kreisbogenradien auf dem grünen Kreis
gleich groß,
ist auch jedes Winkelteil (von Rot nach Blau) gleich
groß.

In beiden Zeichnungen ist dies der Fall.

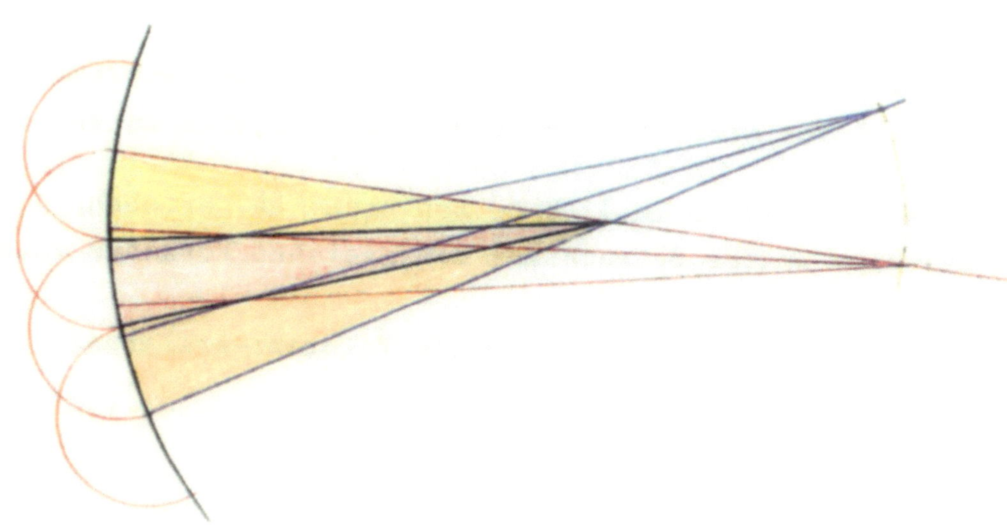

BESCHREIBUNG DER TEILUNG
VON STRECKEN. FLÄCHEN UND WINKELN.

Wie ich mit Schätzstrecken an parallelen Bezugspunkten, Linien
und Ringsegmenten gleich große Teile bekomme, erkläre ich im
folgenden Text und mit 15 Skizzen.

SKIZZE 1: Streckenteilung von beiden Enden her.
Die grüne Strecke $\overline{AB}$ wird oben mit den blauen und unten
mit den roten Teilstrecken geteilt. Bezugspunkte über und
unter A beziehungsweise B **werden** mit den Lückenendpunkten -
verbunden und in der Lücke so verlängert, daß ein Schnittpunkt
entsteht. Dieser Schnittpunkt teilt $\overline{AB}$ korrekt.
Der halbe Ringabschnitt von SKIZZE 12 ist mit dem gleichen
Prinzip geteilt worden.

SKIZZE 2: Streckenteilung von h im Parallellinienverhältnis 3:1
Das Streckenverhältnis $\overline{AB}$ zu $\overline{CD}$ teilt h verhältnisgleich.

SKIZZE 3: Fluchtpunkt vom Trapez.
Verlängert man die Seitenlinien (Schenkel) $\overline{AC}$ und $\overline{BD}$
erhält man bei der kürzeren Parallelstrecke $\overline{AB}$ einen
Fluchtpunkt.

SKIZZE 4: Das Trapez.
Die Summe der parallelen Strecken $\overline{AB}$ und $\overline{CD}$ halbiert ergibt
die Länge m eines Rechtecks, **dessen** zweite Länge der Abstand h
ist.Dieses Rechteck ist flächengleich mit dem Trapez.

SKIZZE5,6:Fluchtpunkt parallel verschoben.
Bei einer parallelen Verschiebung des Fluchtpunktes
bleibt der Flächeninhalt unverändert.

SKIZZE 7: Fluchtpunkt über A
Hier werden die 3 Schätzstrecken <u>nicht</u> wie in Skizze1 in
zwei und eine aufgeteilt, <u>sondern</u> aneinander gereiht , daß
die Lücke am Ende vor Punkt B ist.
Der Fluchtpunkt entsteht durch das Verbinden von Punkt B
mit dem letzten Punkt der Schätzstrecken und einer Verlängerung
dieser Verbindungslinie bis zur senkrechten Linie über A.
Die Dreiteilung der Strecke $\overline{AB}$ erfolgt mit geraden Linien
vom Fluchtpunkt ausgehend über die Schätzstreckenmarkierungen
verlängert zur Strecke $\overline{AB}$.

SKIZZE 8: Flächenteilung beim Trapez.

SKIZZE 9: Flächengleichheit der Trapezteile.

SKIZZE10: Teilung von A nach B (blau);von B nach A (rot)

SKIZZE11: Zur Teilung der Strecke $\overline{CD}$ wird die Strecke $\overline{AB}$ zunächst von
A her geteilt (die Lücke entsteht bei B).Die Schenkelverlänger=
ungen bilden den Fluchtpunkt. Dann wird das gleiche Verfahren
von B her wiederholt.Die Fluchtpunktlinien treffen $\overline{CD}$ an
gleichen Punkten.

SKIZZE12: Radialparallele,Kreis,Ring,Winkel.
Ich habe ein halbes Ringsegment im Verhältnis 2:1 geteilt.
Dazu verwendete ich das in Skizze1 beschriebene Prinzip.
Für die Bezugspunkte gilt, daß sie die Strecke von der Winkel=
spitze zur Schnittpunktlänge nicht überschreiten dürfen.

SKIZZE13: Betrachtung der Differenz der Schätzstrecken zur Sollstrecke $\overline{AB}$.
Bei Skizze7 ist die Gesamtdifferenz n3 bei Punkt B.
Der erste Schätzpunkt differiert mit n1, der Zweite um n2.
Skizze10 zeigt im mittleren grünen Abschnitt beidseits 2
Differenzstrecken. Die beiden äußeren Abschnitte zeigen
3 und1 bzw. 1 und3 Differenzen.Bei Skizze13 werden die äußeren
Differenzabschnitte zahlengleich 2 und 2 aufgeteilt.Unter den
grünen Abschnitten sind die Restschätzteile zentriert.

SKIZZE14,15: Zentrierte Teile mit Fluchtpunkten bilden vereinigt einen
Winkel.

PARALLELLINIENVERHÄLTNIS =
TEILUNG

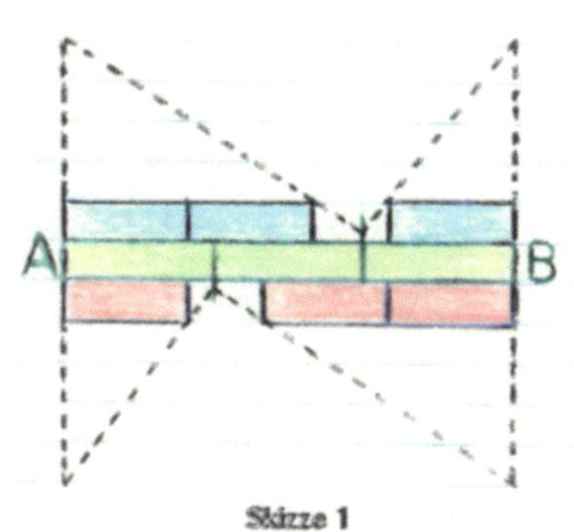

Skizze 1

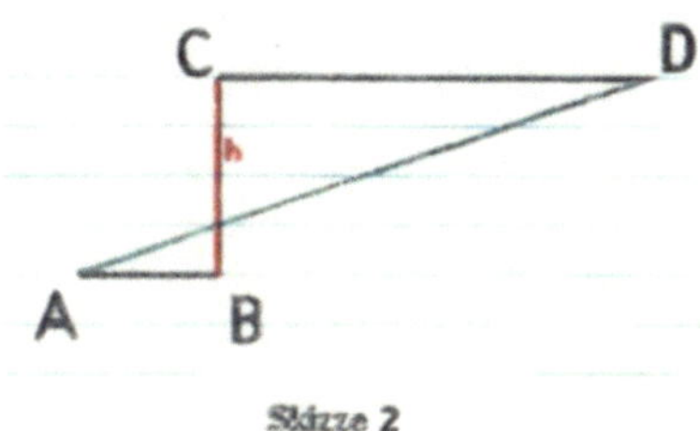

Skizze 2

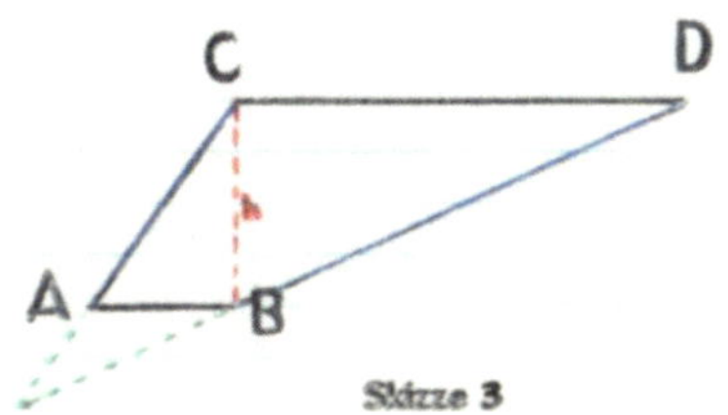

Skizze 3

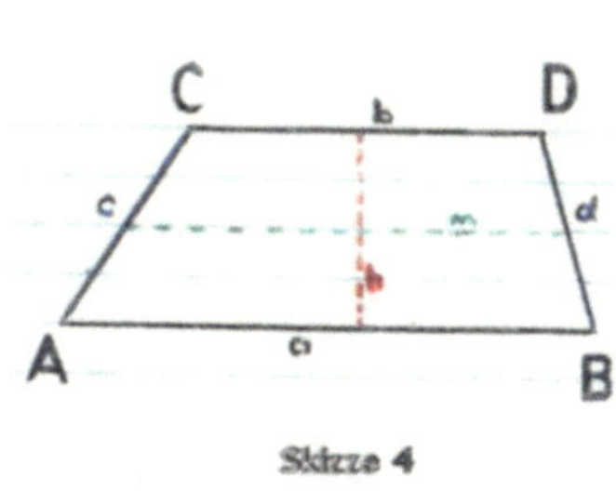

Skizze 4

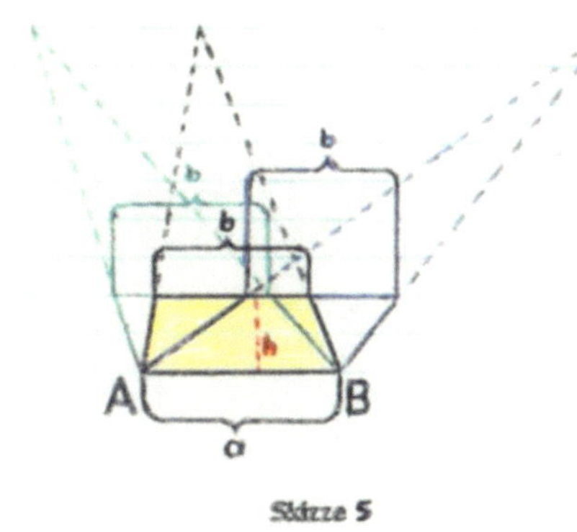

Skizze 5

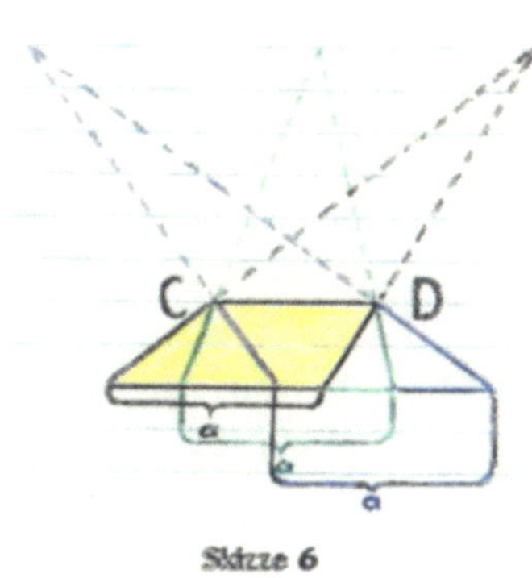

Skizze 6

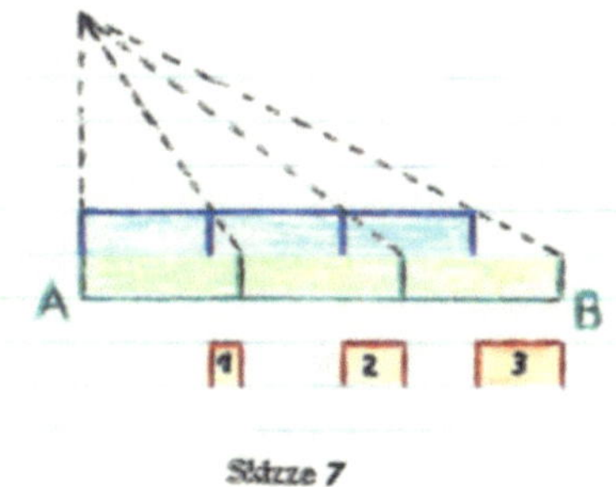

Skizze 7

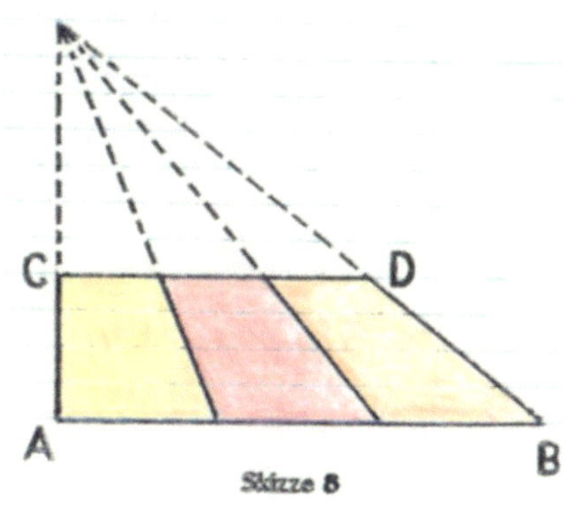

Skizze 8

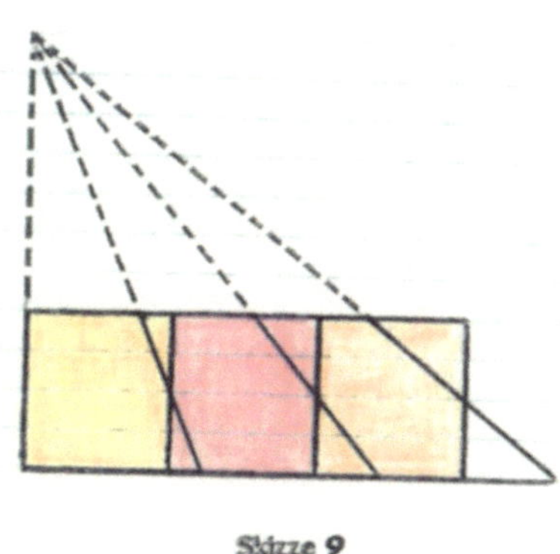

Skizze 9

Skizze 10

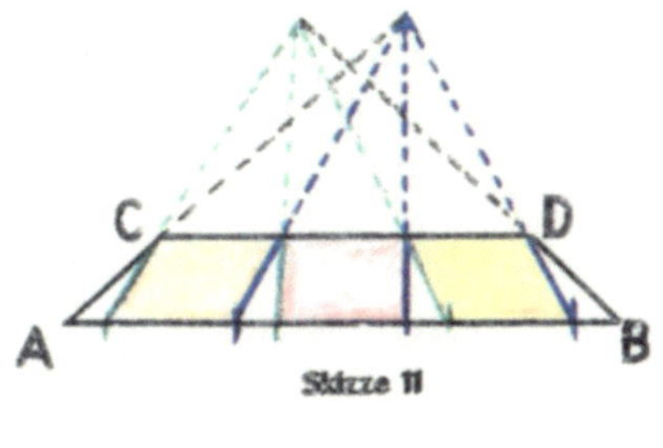

Skizze 11

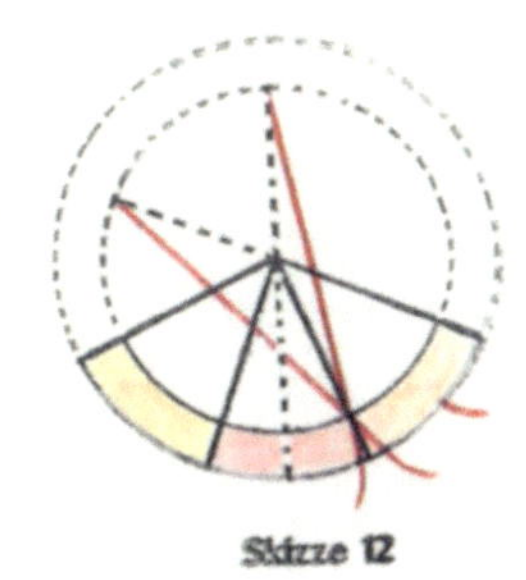

Skizze 12

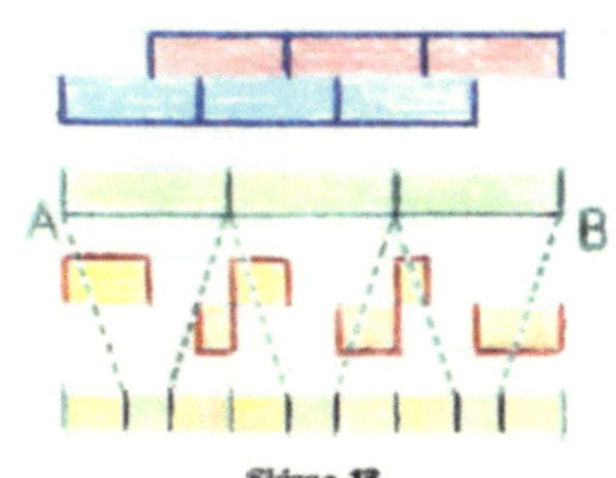

Skizze 13

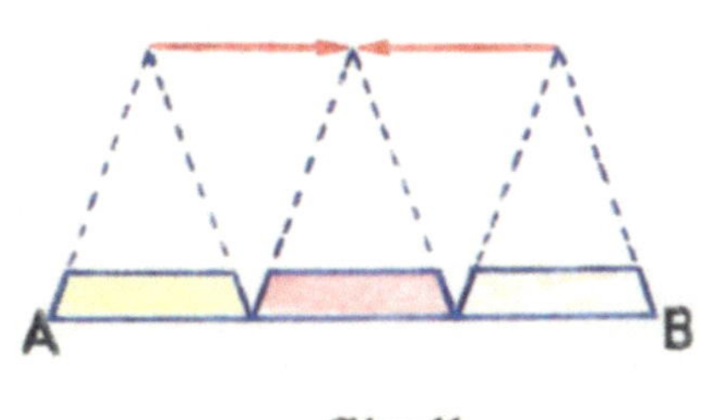

Skizze 14

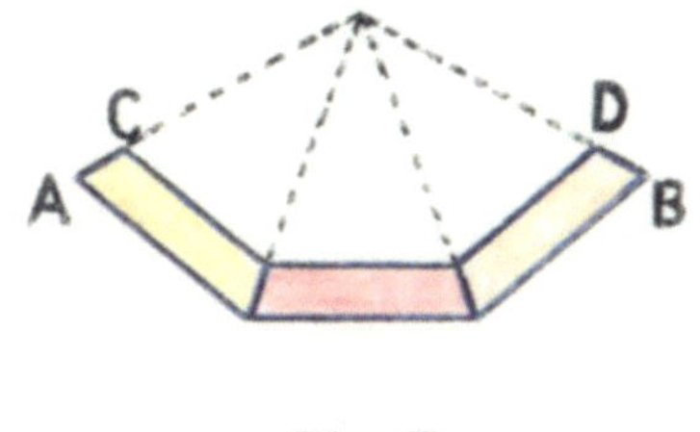

Skizze 15

NACHWORT

Bedanken will ich mich hiermit beim ehemaligen Präsidenten der Mathe=
matikervereinigung Professor Doktor Günther Wildenhain. Sein Hinweis,
daß der "Beweis" des Franzosen Galois **kein** elementarer Beweis ist
war mir Trost und Ermutigung die lange Durststrecke mit intensiver
Arbeit all die Jahre durchzuhalten ohne aufzugeben.

Auch Professor Doktor Stieber von der Simon Ohm Fachhochschule in
Nürnberg half mir weiter, indem er meine Aufmerksamkeit auf die aner=
kannte Winkeldrittelung des griechischen Phylosophen und Mathematikers
Archimedes lenkte.

Die kreative Zusammenstellung der Texte und Zeichnungen erfolgte
ohne Computer, weil ein Arbeiten damit andere Vorraussetzungen hat,
als echtes konstruktives Zeichnen und Schreiben mit einer Schreib=
maschine. Meine Versuche, mich auf die moderne Technik einzulassen
frustierten mich so sehr, daß ich im weiteren Verlauf meiner Kreativ=
arbeit darauf verzichtete.

Dieses Buch soll kein Abschluß eins Themas sein,

sondern ein neuer Anfang, um Dogmen (Axiome) zu überwinden.

Ich habe beim Zusammenstellen des Buches eine Auswahl aus vielen
unterschiedlichen Konstruktionen getroffen. Mit deren Beschreibungen
bemühte ich mich so einfach und klar wie es mir möglich war, mich
auszudrücken. Ich weiß, daß bei der Komplexität und Informations=
dichte des bearbeiteten Themas dies gar nicht gelingen kann.
Ich habe es dennoch so gut ich es konnte versucht. Auf algebraische
Berechnungen habe ich bewußt verzichtet, weil diese ungenau sein müssen!
Vollständig kann dieses Buch nicht sein, weil es ein Thema mit offenem
Ende behandelt. Es können damit nicht nur Winkel gedrittelt werden.
Auch Kombinationen von Konstruktionen sind realisierbar. Jeder Winkel
von einem Grad bis an den Vollkreis kann so konstruiert werden.
Ich habe dieses Buch nur abgeschlossen, um mich anderen interessánten
Bereichen widmen zu können.

ES IST,
OBWOHL ES NICHT SEIN KANN

$I - V = 5 \cdot 12° = 60°$

$1, 2, 3 = 3 \cdot 10° = 30°$

GEOMETRIE
Harald
Schatz